원스
인
더블린

—

Once
in
Dublin

원스
인
더블린

헤어 나올 수 없는 사랑의 도시, 더블린.

곽민지 여행 에세이

차례

Prologue   도피할 만한 도시를 찾아야겠어   6

#1   빈털터리 백수, 더블린 국제공항에 착륙   20

#2   더블린에서의 첫날 밤   30

#3   하우스메이트들의 일주일 속성 과외   52

#4   난이도 상, 공포의 버스 타기   56

#5   더블린에는 이방인이 없다.
      아직 대화해보지 않은 친구가 있을 뿐   68

#6   더블린에 내 방 구하기   80

#7   쉐어하우스 이야기   86

#8   집 구하기 미션 수행기   90

#9   응답하라, 랜드로드!   108

#10   못된 하우스메이트와의 폭풍 파이트   114

#11 축구팬을 위한 진짜 거실, 오코넬 스트리트의 '리빙룸' 132

#12 더블린을 달리는 젠틀맨들 138

#13 아주 평범한, 매일 꿈꿨던 매일 144

#14 아이리쉬의 미스터리 152

#15 더블린 마니아만의 *꼬꼬마* 동산, 그래프톤 스트리트 160

#16 아일랜드에 적응하고 싶은 자, 그 깡맥주를 견뎌라 166

#17 펍에서 박지성을 외치다가 성이 안 차던 어느 날 178

#18 맨유를 직접 봐야겠어! 무작정 맨체스터로 188

#19 광란의 Madchester, Manchester 192

#20 꿈의 구장, 맨체스터 유나이티드 올드 트래포드의 함성 198

#21 그에게 고백하다! 210

#22 역사적인 술집 템플바에서 함께한 역사적인 도전의 현장 222

#23 코리안 걸, 아이리쉬 가이를 만나다 236

#24 템플바에서 보낸 더블린의 마지막 밤 248

#25 아프게 이별, 돌아오려면 한 번은 해야 하니까 258

Epilogue 가장 초라했지만 동시에 가장 행복했던 266
그 시절의 나를 돌아보며

도피할 만한 도시를
찾아야겠어

"더블린? 거기가 어딘데 가겠다는 거야?"

엄마 얼굴에 그림자가 떨어졌다. 잘 다니던 회사를 관두겠다고 했을 때가 처음, 외국에서 혼자 쉬다 오고 싶다고 했을 때가 두 번째, 그리고 아일랜드 더블린 이야기를 꺼냈을 때가 세 번째.

내가 엄마에게 항상 착한 딸은 아니었지만, 내놓기 부끄럽지는 않은 딸이었다. 대단한 재주나 특기는 없었어도 순탄하게 대학을 졸업해 남들 부러워하는 회사에 입사도 했고, 회사에도 금방 적응해서 잘 지내는 것처럼 보였기 때문이리라.

엄마의 그 생각에는 무엇 하나 틀린 것이 없었다. 하지만 회사에 적응한다는 것이 회사에서 행복하게 지낸다는 것을 의미하지는 않았다. 좋은 회사에 입사해 좋은 건물 안에서 좋은 사람들과 일하면서 모든 것이 순탄했지만, 그 순탄함이 나는 늘 불안했다. 2호선을 타고 강남에 있는 본사로 출근해 사원증을 매고 일하다가 정신이 들면, 하루에 한 번은 꼭 창밖을 내다봤다. 그러면서 나는 이 일상에서 뭘 기다리고 있는 것인지를 생각했다. 빌딩 숲 사이사이를 꾸역꾸역 파고드는 차들과 회색 얼굴로 분주히 걷는 사람들을 어김없이 관찰하던 어느 날, "아, 안 되겠다." 하는 혼잣말이 입술을 뚫고 나왔다.

내 자리는 있지만 내 마음은 두지 못했던 회사를 떠나기로 결심했다. 회사를 그만두기로 결심하고 하고 싶은 다른 일에 도전하기로 확정한

지 한 달쯤 됐을 때, 나는 또 그 유리창 앞에 서 있었다. 팀장님에게는 뭐라고 말을 하나, 언제부터 정리를 해야 하나 하면서 한숨을 내쉬는데, 사방에 보이는 빌딩들이 눈에 들어왔다. 숨이 막힌다. 이 일을 그만두고 하고 싶은 일을 하겠다고 아직까지 선언하지 못한 이유는 저 훈장 같은 빌딩들이 갖고 있는 타이틀과 저렇게 높고 철옹성 같은 시선들 때문이었다. 퇴사 시점을 생각하던 나에게 다른 생각 하나가 불쑥 들어왔다.

'나를 향한 기대, 시선 그리고 고층 빌딩이 없는 곳에서 몇 달만 살고 싶다.'

회사를 다니면서도 꼬박꼬박 여행은 했지만, 그것이 일주일을 넘기기는 힘들었다. 그러다 보니 어떻게든 더 오래 있고 싶은 마음에 무리하게 일정을 짠 탓에 시차 적응도 못한 채 또 회사 컴퓨터 앞에 앉는 것이 휴가의 마무리였다. 만약 내가 회사를 그만두는 나에게 해주고 싶은 게 하나 있다면, 그건 앞뒤 볼 것 없이 장기 휴가였다.

누구에게나 그런 로망이 있다. 아무도 나를 모르는 곳으로 가서, 몇 달간 동네 주민인 척 조용히 지내며 나만의 휴가를 보내고 싶은 로망. 동네 카페에서 노트북을 켜고 글도 끄적이고, 슈퍼에서 한국엔 없는 과자나 맥주를 여유롭게 골라보는 일상. 아침에 나를 깨우는 알람도 없으니 점심때가 다 되어서야 스멀스멀 일어나 눈도 못 뜨고 커피를 타고 소파에 털썩 앉는 그런 일상적 휴가 말이다.

만약 내가 나 자신에게 그런 휴가를 준다면, 그 시점은 언제가 좋을까? 혼자서 그렇게 지내려면 일단 남편이나 아이는 없어야 하니 결혼 전이어야 할 것 같다. 어딘가에 소속되어 있으면 긴 휴가는 얻기도 힘들 뿐더러, 설령 얻을 수 있다 치더라도 쓸데없이 스마트해진 세상에서 일로부터 완전히 자유로워지는 생활이란 있을 수 없다. 나 역시 돌아가서 처리할 일들을 알게 모르게 고민하게 될 것이다. 그래, 지금이 아니면 다음은 없다.

막연히 인터넷을 뒤지기 시작했다. 유명한 도시들은 이미 너무 많은 사람들이 내 집처럼 드나드는 관광지가 되어선지 여행기를 읽는 내내 묘한 질투와 소외감 같은 게 느껴졌다. 이왕이면 한국인을 만날 일도 별로 없는, 담백하고 느린 도시를 찾고 싶었다. 거대한 미국을 제외하고 영국까지 제하고 나니, 내가 의사소통을 하면서 숨어 살 수 있는 도시는 몇 개 되지 않았다. 그렇게 인터넷을 돌고 돌다 아일랜드, 더블린까지 도착했다.

'더블린이 어디더라…? 아, 원스!'

영화 〈원스〉. 내 대학 시절 중 가장 느렸던 두 시간. 파리의 에펠탑이나 뉴욕의 엠파이어스테이트빌딩 같은 쨍한 랜드마크가 없어서 거기가 어느 도시인지 각인되진 않았지만, 나는 그 음악이 흐르는 수수한 거리가 보는 내내 부러워서 어쩔 줄 몰랐다. 현란하게 눈을 사로잡거나 쨍쨍한 오케스트라로 귀를 즐겁게 하는 영화는 아니었지만 나는 〈원스〉 특유의 느림이 좋았다. 저런 도시에 살면 매일 나가서 음악이나 듣고 앉아 있어야지 하고 생각했던 스무 살 초반의 내가 되살아났다. 만약 온갖 빠름과 경쟁에 지친 내가 어딘가로 숨어든다면 바로 이런 도시일 거라는 막연한 확신이 들었다. 그리고 일주일도 안 되어, 나는 아일랜드 더블린행 비행기를 예약해버렸다.

덜컥 비행기표를 사버리고서, 나는 매일 업무시간 사이사이에 아일랜드에 대한 정보를 찾아보기 시작했다. 그러면서 이미 마음은 더블린으로 날아가버렸다. 세계에서 가장 사랑받는 맥주 '기네스'의 고향, 길 가다가도 울려퍼지는 음악, 친절한 사람들, 작은 수도…. 그 어느 것 하나 기대되지 않는 것이 없었다.

처음 더블린행을 결정했을 때는 그저 도시가 작고 조용하면서도 모든 게 다 갖춰진 수도고, 한국인이 적으며, 영어로 의사소통이 가능하다는 이유였지만 알면 알수록 빨리 가보고 싶어졌다. 마치 소개팅하기로 하고 연락처를 받은 남자가 카톡으로 이야기를 하면 할수록 나와 잘 맞는다는 걸 알게 될 때의 기분처럼, 만날 날이 기대되어서 잠이 안 올 지경이었다. 회사를 그만둔다는 사실에 대한 걱정과 미래에 대한 불안감은 애써 더블린에 대한 기대로 가려버리고, 여행에 대한 기대가 준 용기로 퇴사 선언을 했다.

많은 사람들이 무슨 용기로 회사를 그만두느냐고 물었다. 하지만 막상 자신이 속한 곳을 뛰쳐나오는 사람들은 대단한 용기와 도전 정신이 있어서가 아니라, 그만두는 것 외에 다른 선택이 없다는 걸 몸으로 깨닫기 때문에 실행에 옮긴다. 친구들에게 내가 그만두는 게 맞는 선택인지 물어대기도 했지만 그건 이미 정해놓은 대답을 듣고 싶은 어리광 같은 질문에 불과했다.

정작 용기는 일을 그만두는 순간보다도 걱정하는 주변 어른들을 이해시키려 설명을 해야 할 때 필요했다. 나 자신에게도 모든 것이 흐릿하고 잘 보이질 않는데 경험 많은 양반들까지 설득해야 하니 힘에 부칠 수밖에. 대단한 인생 마스터 플랜을 세워둔 양 말하는 것까지는 좋았는데, 일단 그만두자마자 아일랜드 더블린부터 간다고 했을 때 모든 논리가 무너졌다.

그렇기 때문에 더블린이 어딘데 가냐는 엄마의 질문이 더블린의 위치를 묻는 것은 아님을 잘 알고 있었다. 거기서 "엄마, 더블린이 그렇게 좋대. 길거리에 막 연주자가 있고, 동네 펍에 가면 맥주도 정말 맛있다는 거야. 서울이나 뉴욕처럼 차 많고 빌딩 많고 바쁜 도시가 아니라서 사람들도 엄청 친절하대." 하는 실없는 대답을 내놓는 딸을 바라보는 엄마 마음은 어땠을까? 결국 나는 설득할 길 없는 이 대화의 마지막을 "이미 환불도 안 되는 할인항공권 질렀어. 20일날 출국이야."로 마무리했다.
횟집에서 한상 지저분하게 차려 먹고 상에 깔렸던 비닐을 확 들어내버린 테이블처럼, 나는 하루아침에 흔적도 없이 깔끔하게 백수가 됐다. 다이어리를 펴고 출국날에 내 생일보다 큰 동그라미를 치면서 딱 한 가지만 다짐했다.

'돌아왔을 때의 일을 미리 걱정하느라 시간을 낭비하지 말고 일단 무조건 긴 휴식을 하는 거야.'

그 모든 일상을 내가 채우고 받아들이리라 결심하면서 짐을 꾸렸다. 그러고는 소개팅 전날 '아, 제발 대박은 아니라도 중박만 나와라!' 하고 빌던 마음으로 잠들었다. 주변 사람들 누구도 가보지 않은 더블린에 드디어 가는 거야. 영화 〈원스〉의 촌스럽고 로맨틱한 거리에 합류하는 거야!

1단계

정보 제로. '아일랜드? 섬? 거기가 어디야? 어느 아일랜드?' 정말 이 질문 많이 들었다. 우리가 아는 '섬' 아일랜드는 Island, 더블린이 있는 아일랜드는 Ireland.

2단계

나라인 건 아는데, 어디에 있는 어느 나라인지까지는 크게 감이 없는 수준. 예를 들어 아이슬란드와 혼동하는 정도.

3단계

영국과 밀접한 관계가 있는 곳이라는 감은 있는데, 약간 잘못 알고 있는 수준. 특히 3단계에 해당하는 대부분의 사람은 영국의 지역 이름이 아니냐고 하기도 하고, 그들 중 대다수는 그게 제대로 알고 있는 것이라고 생각하는 경우가 많다. 그건 북아일랜드와 혼동하기 때문! 아일랜드가 영국령이라니, 영국의 오랜 식민 지배를 받았던 아일랜드 사람이 들으면 기절초풍할 이야기다. 물론 하도 들어서 의외로 쿨하게 넘길 수도 있겠지만 말이다.

4단계

아일랜드 그 영국 옆에 있는 나라잖아! 유럽 배낭여행 루트 짤 때 봤거나, 현빈 이나영 주연의 드라마 〈아일랜드〉를 봐서 위치 정도는 정확히 알고 있는 수준.

5단계

영화 〈원스〉, U2, 엔야, 데미안 라이스, 제임스 조이스, 예이츠 그리고 흑맥주 기네스 등 아일랜드를 대표하는 유명인이나 사물, 작품 중 두 개 이상을 댈 수 있을 정도로 기본적인 지식은 빠삭하지만 아직 가보지는 않은 수준.

6단계

배낭여행 중에 영국 가면서 잠시 당일치기로 더블린을 다녀온 수준. "기네스 맛있고 펍 음악 좋더라. 그런데 날씨가 마음대로고 음식 맛은 별로였어." 정도의 얕은 감상이 많다.

7단계

아일랜드에 2주 이상 체류한 장기 여행자나 유학생. 2주를 넘어가면 이미 이들 중 대부분은 아일랜드 마니아가 되어 떠나는 비행기 안에서 하염없이 창문을 긁으며 괴로워하다가 귀국 후에는 아일랜드 전도사가 된다. 흔해빠진 뉴욕·파리 여행담을 늘어놓는 친구들 사이에서 '너희가 모르는 나만의 고향, 나만의 성지!'를 외치면서 기네스 한 잔 시켜놓고 아일랜드 여행패키지를 개발해낼 기세로 열심히 홍보하는, 일명 아일랜드 덕후 단계. 보통 관광으로 잘 알려진 대도시의 경우 "뭐가 그렇게 좋아?" 하고 물으면 금방이라도 관광지 서너 곳을 줄줄이 읊을 수 있지만, 아일랜드 마니아들에게 "뭐가 그렇게 좋아?"라고 물으면 첫사랑에 빠진 소녀처럼 "그냥 다 좋아."라는 답을 내놓는 경우가 많다. 진정 사랑에 빠진 자만이 할 수 있는 미련한 대답이 아닐 수 없다.

이 책은 7단계 중증에 해당하는 아일랜드앓이 4기 환자, '내가 살면서 가장 잘한 일은 아일랜드에 놀러 간 일이고, 가장 잘못한 일은 일정을 연장하지 않고 미련하게 귀국행 비행기를 탄 일이다.'라고 묘비명에 써야 할 것 같은 처자가 집필했다. 누가 아일랜드가 어떤 나라냐고 물으면 눈에 하트를 달고 "일단 앉아보세요."부터 시작하는 내게 다들 "아주 책을 내라, 책을 내." 하길래 진짜 책으로 낸다. 직업도, 남자친구도, 계획도 없는 한 여행자에게 집이 돼주고 연인이 돼준 작은 도시 더블린! 이 책은 새로운 일상, 새로운 사소함을 꿈꾸는 이들의 성지, 아일랜드 더블린에 대한 이야기다.

Give Light, and
the darkness will
disappear of
itself

#1 빈털터리 백수,
   더블린 국제공항에 착륙

멋지게 떠난다는 그림까지는 좋았다.

인천공항에서 이별의 인사를 하는 여행자와 유학생들 사이에서 세상에서 가장 쿨한 표정으로 손을 흔들었다. 예전에 여행할 때 한 번 타본 적이 있는 독일항공 비행기에도 문제없이 탑승했다. 여기까지는 모든 게 익숙했다. 유럽 도시 주 경유지인 프랑크푸르트에 내린 것까지도 대본대로 자연스럽게 흘러갔다. 내가 머릿속에 그렸던 모습 그대로, 장거리 비행을 마치고 멋지게 프랑크푸르트에 내렸다.

북적대던 프랑크푸르트행 비행기에서 환승 게이트를 따라가는 동안, 그 많았던 한국 사람들이 모두 흩어지면서 점점 유럽에 와 있다는 걸 실감했다. 그리고 더블린행 게이트 앞에 다다랐을 때, 내 눈에 보이는 검은 머리에 검은 눈동자 동양인은 단 한 명도 없었다.

업무상 출장 등의 이동이 대부분인 프랑크푸르트~더블린 노선.

대부분 간편한 짐이나 서류 가방을 든 사람들 사이에서 알록달록한 기내용 캐리어에 카메라 가방까지 든 내가 조금 촌스러워 보일 지경이었다. 비행기를 타서 짐칸에 캐리어를 들어올릴 때에도 '도와줘야 하나 말아야 하나' 하고 고민하는 수많은 친절한 눈들과 부딪혔다. 누군가 나섰다가는 어색해지지 싶어 억지스럽게 한방에 짐을 올리느라 식은 땀이 났다. 좌석에 지친 몸을 떨어뜨리듯 털썩 앉아서 하나둘 꾸역꾸역 밀고 들어오는 승객들을 보고 나서야 '쾅쾅쾅, 당신은 빼도 박도 못

빈털터리 백수,
더블린 국제공항에 착륙

하게 지구 반대편 다른 세상에 가는 중입니다.' 하는 실감이 났다. 설레는 건지 겁나는 건지 모를 복잡한 감정이 스쳤다. 그렇게 유럽 사람들 사이에 콕 박혀서 쥐도 새도 모르게 더블린 공항에 도착했다.

사람들을 따라 걸어나가서 입국심사대 앞에 섰다. 유럽 시민이 아닌 나는 Non-EU 구역에 서서 긴장되는 마음으로 한 발짝씩 걸어갔다. 여권을 내밀고 어색하게 인사를 했다. 전자여권을 스캔하던 입국심사원이 컴퓨터가 부팅중이니 기다리라고 하는 바람에 어색한 정적이 이어졌다.

입국심사대라는 게 존재 자체만으로도 세상에서 가장 죄지은 듯한 표정을 하게 만드는 공간이건만, 길어지는 정적의 공기를 이겨내자니 어색해서 견딜 수가 없었다. 시선을 어디에 둬야 할지 몰라 써 있는 안내문의 대부분을 읽어나갈 즈음, 입국심사원 아저씨가 먼저 침묵을 깼다.

"아일랜드에는 처음 왔니?"

"네, 처음이에요."

"그렇구나. 영어 배우러 온 거니?"

"아니요, 여행 왔어요."

"여행이구나! 휴가는 얼마나 냈어?"

"몇 달간은 있으려고요."

"좋네. 대학생이니?"

DUBLIN
AIRPORT
CAR PARKING
OUR BEST RATES AVAILABLE
WHEN YOU BOOK ONLINE
www.dublinairport.com
daa

B 47

“아니요, 저는 직….”

‘저는 학생이 아니라 직장인이에요.’를 말하려다가 말문이 턱 하고 막혔다. 직장인이 아니지 참…. 그렇다고 학생도 아니고, 그렇다고 여기에서 구직을 할 사람도 아니고….

“저는 지금 직업이 없어요.”

입국심사대 앞에서 ‘직업이 없어요.’ 하고 선언하고 나니, 나는 이제 유럽연합과 대한민국에 동시에 공표된 공식 백수 겸 의심스러운 입국자가 됐다.

외국에 커다란 캐리어 들고 와서 입국심사대에서 한 말 치고 후한 점수 받을 대답은 아니었던 것 같아서, 나는 궁색하게 다음 설명도 늘어놓았다.

“한국에서 일을 그만뒀고요, 긴 휴가라고 생각하고 왔어요. 있고 싶은 만큼 있으려고 해요. 여기가 마음에 들고 사정이 허락한다면 작은 일이라도 하면서 오래 있을 수도 있고요.”

“그렇구나. 그럼 여기 아는 친구가 있는 거니?”

“아니요, 지금 심사원님이 저랑 처음 말하는 아이리쉬인데요.”

“그래? 이거 영광인데.”

입국 도장을 받고 어색하게 손을 흔들며 돌아서면서 갑자기 내 처지가 실감되기 시작했다. 아저씨에게 대답한 대로 나는 여기에 알고 지내던 친구도 없고, 직업도 없고 심지어 언제까지 있겠다는 계획도 없다. 여기에서 영어를 배우겠다는 목적도 없고 돈을 벌겠다는 생각도 없다. 갑자기 '어쩌자고 내가, 덜컥 여기를, 뭘 하자고 왔지?' 하는 생각이 엄습했다.

계획하고 실행에 옮기는 삶과 업무에 진절머리가 나서, 아무것도 계획하지 않고 즐겁게 지내보자고 여기까지 왔는데 막상 말할 수 있는 계획도 지위도 없다는 걸 알고 나자 겪어본 적 없는 불안감이 밀려왔다. 정확히 표현하자면 어색함 혹은 막막함이었을 것이다. 아무 계획 없고 앞으로의 예정이 없는 생활은 지금껏 해본 적이 없다. 계획이 없음에 대한 자유로움은 반대로 난생처음 겪는 상황에 대한 불안함까지 함께 끌고 들어왔다. 당장 노트북을 꺼내 뭐라도 쓰면서 마음을 정리하거나 아니면 커피라도 한 잔 하면서 심호흡을 하고 싶었지만 내겐 수하물을 찾는 게 우선이었다.

짐을 찾으러 화살표를 열심히 째려보고 걸어가는데, 모두가 나와 다른 길로 가고 있다는 것을 발견했다. 수하물 벨트에 도착했지만 아무것도 없고, 사람들은 곧장 게이트를 빠져나가고 있었다. 불안한 마음에 누군가에게 물어라도 봐야 하나 싶어 돌아서는 순간, 굉음을 내며 벨트가 움직였다. 빈 상태로 회전을 시작한 수하물 벨트는 얼마 안 가 딸랑 내 짐 가방 하나만 싣고 나왔고 나는 그 자리에서 헛웃음이 터졌다.

정말로 그 비행기에서 수하물을 부친 사람이 나 하나뿐이었던 것이다. 다들 간소한 짐을 가지고 다녀오는 길이었고, 정말 이민가방만 한 커다란 짐을 부친 건 나뿐이었다. 수하물 벨트에서 어색하게 홀로 실려 나오는 내 캐리어가 타국에서 만난 동지 같아서 얼른 내려서 묻지도 않은 먼지를 탁탁 털었다.

짐을 찾아서 출국장으로 나오던 그 순간을 나는 아직도 생생히 기억한다. 이게 천국의 문인지 헬게이트인지는 모르지만, 그 어떤 행선지에 도착했을 때보다 두근대는 마음으로 게이트를 나왔고, 게이트를 빠져나가는 곳은 여느 공항과 같이 북적였지만 내겐 부츠를 신은 내 발소리만 유독 크고 느리게 들렸다. 이 발걸음이 제대로 된 선택인지 아닌지를 생각하기엔 이미 늦었다. 확실한 건 내가 아일랜드에 발을 디뎠다는 사실뿐이었다.

빈털터리 백수,
더블린 국제공항에 착륙

우리나라와 아일랜드 사이에는 아직 직항 항공편이 없다. KLM(네덜란드), 루프트한자(독일), 브리티쉬에어웨이(영국), 에어프랑스(프랑스) 등 대부분의 유럽 항공사의 주요 도시에서 더블린으로 환승할 수 있다. 단, 영국에서 환승할 경우, 런던공항의 입국심사가 까다롭기로 유명하다는 점을 기억하자.

만약 적립하고 있는 항공사 마일리지(대한항공은 스카이팀, 아시아나항공은 스타 얼라이언스)가 있다면 제휴된 항공사를 선택하는 것도 좋은 방법이다.

여기서 팁!

같은 제휴 항공사라면, 어느 항공사에서나 마일리지 카드를 발급받아 적립하면 되겠지 싶겠지만, 실제로는 그렇지 않다. 유효기간이 항공사마다 다르기 때문이다. 예를 들어 루프트한자(독일)의 마일리지 유효기간은 3년이지만, 아시아나는 10년(등급에 따라 12년까지)이다. 다른 항공사 마일리지 카드에 적립했다가는 몇 년 안에 홀랑 날아가버릴 수 있으니, 우리처럼 유럽 한 번 나가는 데 일생일대의 큰 결심이 필요한 사람에게는 국내 항공사 적립 카드가 최고다.

스카이스캐너 www.skyscanner.co.kr
인터파크 투어 tour.interpark.com
와이페이모어 www.whypaymore.co.kr

유럽 노선의 경우, 항공사 홈페이지를 통해 직접 구매하는 방법을 추천한다. 보통 프로모션 기간에 파격적인 가격을 제시하는데, 중개사이트에서 검색해서는 알 수 없는 정보가 많다. 자고로 돈을 아끼려면 시간을 들여야 하는 법!

만약 1년 안에 넉넉한 기간을 두고 더블린 여행을 계획중이라면, 더블린에 취항하는 유럽 항공사들 홈페이지에 접속해 메일링 서비스를 신청해두는 것이 좋다. 기간마다 이루어지는 파격적인 프로모션 정보를 메일로 보내주기 때문이다. 이때를 놓치지 않고 항공권을 사는 게 내가 아는 가장 효율적인 방법이다

#2 더블린에서의 첫날 밤

아일랜드에 오기 전, 숙소 문제 때문에 스트레스가 극에 달해 있던 때가 있었다. 더블린의 장점은 호스텔이 시내 중심에 있다는 것이지만, 여행자로 바글바글한 호스텔에서 하루이틀도 아니고 집을 구할 때까지 지내야 한다니 걱정이 이만저만이 아니었다. 그때, 페이스북에서 내가 유럽 간다고 쓴 걸 발견한 스페인 친구 알렉스가 좋은 정보 하나를 줬다.

"나 지난주에 카우치서핑 미팅 다녀왔는데, 그거 괜찮더라. Couch가 집에 있는 소파잖아. 한마디로 집에 여행자가 잘 만한 공간이 있으면 서로 재워준다는 그런 거야. 다들 여행을 많이 다니는 사람들이라서 조건도 없고, 서로 마음만 열려 있으면 현지 친구도 사귀고 좋을 것 같더라. 너는 더블린에 아는 사람도 없는데 당장 집을 구해야 하잖아. 일단 이걸로 사람도 사귀고 정보도 얻으면 어때?"

처음에는 위험해서 그런 걸 어떻게 하겠느냐고 해놓고는 얼마 후 보내준 링크를 찬찬히 살펴봤다. 그런데 읽다 보니 흥미로운 모임이라는 생각이 들었다.

카우치서핑의 발단은 어떤 아저씨가 전 세계를 여행하다가 만난 친구들한테 '니네 집에 소파 있지? 나 거기 한 이틀만 재워주면 안 될까?' 하면서 이 도시 저 도시를 전전한 데에서 시작됐다. 여행을 하는 과정에서 현지인들의 집을 방문하며 돌아다니는 일이 진짜 그 나라로 파고드

는 가장 매력적인 방법이라는 걸 체감했고, 그렇게 키워나간 결과 지금은 전 세계에 퍼져 있는 엄청나게 큰 글로벌 비영리 네트워크가 됐다. (www.couchsurfing.org)

카우치서핑 웹사이트 자체는 페이스북이나 싸이월드 같은 우리에게 친근한 SNS와 비슷하다. 일단 가입해서, 본인의 프로필을 채워 넣는다. 이때, 가능한한 모든 프로필을 빈칸 없이 채우는 게 도움이 된다. 서로 집에 재워주고 신세지고 하는 게 카우치서핑의 핵심이라서, 상대방에 대한 신뢰가 중요하기 때문이다. 신뢰를 받고 싶다면 자신의 정보를 먼저 꼼꼼하게 오픈하는 건 기본이자 상식이다. 질문은 단순히 나이, 이메일 주소뿐만이 아니라, 현재 꿈꾸는 일, 인생에서 한 가장 놀라웠던 경험 등도 포함한다. 리포트에 가까운 방대한 양의 프로필을 꽉꽉 채운다.

여기에 신뢰도를 더 높이기 위해 추가할 수 있는 옵션이 하나 있는데, 바로 인증받기(Getting Verified)다. 일정액을 기부하고 본인 주소를 입력하면, 몇 주 안에 입력한 주소로 엽서가 하나 도착한다. 그 엽서에 있는 코드를 본인 인증받기 페이지에 입력하면, 정식 인증을 마친 안전한 멤버 마크가 부여된다. 나 같은 경우는 가입한 지 얼마 안 되어 바로 인증 신청을 해서 받았다. 이건 어디까지나 옵션이지만 꽤 유용하다. 실제 내가 적은 주소지에 살고 있는 멤버로 카우치서핑의 공식 인중을 받는 셈이다. 프로필에는 지역까지만 표시되기 때문에 자세한 주소가 노출될 염려는 없다.

다음 할 일은, 내가 Surfing할 Couch를 찾는 것이다. 일단 지역을 선택하는데, 보통 시 정도까지 선택할 수 있다. 옵션에 따라 인증 여부나 성별도 선택할 수 있다. 나의 경우에는 (1)인증받은 (2)여자 멤버로만 검색했다. 그렇게 해서 몇 냉 정도의 호스트를 찾아냈다. 그러면 이제 그 호스트가 괜찮은지를 알아보기 위해 프로필을 꼼꼼히 읽어본다. 프로필은 본인이 작성한 것을 포함해, 이 친구의 집에서 신세를 져봤거나 이 친구를 손님으로 맞아본 사람의 리뷰도 볼 수 있다. 또한 방이나 카우치 타입에 대해서도 설명이 나와 있고, 언제 오는 것이 바람직할지도 나와 있다. 카우치서핑은 단순히 공짜 숙소를 목적으로 하는 단체가 아니다. 여행자와 교류하면서 새로운 문화를 알아가고 친구들 만들자는 게 컨셉이고, 슬로건 역시 '세상은 당신이 생각하는 것보다 좁아요!'다. 그러므로 보통은 재워줄 수 있는 장소와 상태를 설명하면서, '주말에 방문한다면 시티투어를 해드릴 수 있어요!' 등의 부수적인 설명도 함께 되어 있다.

그러면 이제 카우치 요청을 보낸다. 나의 경우 인증받은 사람과 인증은 없지만 좋은 리뷰가 많았던 사람을 포함해 6명 정도에게 보냈던 것 같다. 내가 보냈던 메시지는 대충 이랬다.

'안녕, 나는 한국인 여자애야. 내 인생에서 마지막이 될지도 모르는 몇 달간의 여행을 준비중인데, 영화 〈원스〉와 아이리쉬 음악에 빠져서 더블린을 그 휴가지로 선택하게 됐어. 도착하면 집을 구해서 혼자 몇 달간을 지낼 생각인데, 집을 구하기 전까지 머무르면서 더블린에 대해서도 알려주고 이 작은 도시의 첫 친구가 되어줄 호스트를 찾고 있어. 나는 사람을 좋아하지만 동시에 독립적이어서 사생활에 대한 구분이 철저하고, 작은 것에 까탈스럽거나 호불호가 많지 않은 타입이야. 더 많은 정보는 내 프로필에서 확인할 수 있을 거야. 그럼 연락 기다릴게!'

그러고 나서 드디어 대답이 도착했다. 처음이자 유일한 답을 보내 온 사람이 바로 나와 아일랜드에서 많은 추억을 함께한 독일인 아가씨, 에바다.

'안녕! 정말 반가워. 나는 2년 전에 서울에서 카우치서핑을 했었어! 독일에서 여행으로 더블린에 왔다가 너무 마음에 들어서, 지금은 더블린의 대학에서 관광을 전공하는 대학생이 됐어. 우리 집에는 작은 싱글룸이 있어. 우리 하우스메이트들이 모두 다 카우치서핑 멤버라서, 그 방은 여행자 손님을 위해 아예 렌트를 주지 않고 비워놓고 있어. 오기 2주 전에 준비할 수 있도록 다시 연락 줘!'

처음에 메시지를 받았을 때는 어리둥절했다. 그냥 이렇게 이 집에 들어가서 며칠 살게 되는 거야? 하는 현실감 없는 이상한 느낌이었다. 그

리고 2주가 남았을 때, 나는 에바에게 다시 연락을 했다. 원래는 20일 밤에 도착해서 처음 3일만 있겠다고 했었다. 생각해보니 20일에 도착이 밤 11시가 넘고, 일요일 밤 그 시간에 남의 집에 들어가는 건 실례일 것 같았다. 그래서 일단 이벤트중이라 얼른 자리를 찜해야 했던 호스텔을 일요일 밤부터 5일간 예약해놓고, 다시 메시지를 보냈다.

'에바, 연락 너무 고마워. 약속한 2주 전이어서 다시 연락해! 그런데 내가 20일 일요일 밤에 도착하다 보니, 다음 날 너희가 출근하고 학교 갈 월요일인데 너무 늦은 시간에 신세를 지는 것 같아. 그래서 일단 도착해서 평일은 호스텔에서 지내고, 주말에 너희 집에 있으면서 같이 근교를 보러 가거나 하는 게 어떨까? 네 프로필을 다시 자세히 읽어보니 주말에 오는 게 더 좋겠다고 써 있기도 해서, 특별히 문제가 안 된다면 그게 서로에게 편할 것 같아.'

그러자 금방 답장이 왔다.

'안녕! 메시지 잘 읽었어. 그런데 밤에 우리 집에 오는 건 아무런 문제가 안 된다는 걸 꼭 알려주고 싶어! 호스텔보다는 우리 집이 훨씬 편할 거야. 너만 괜찮다면 일요일 밤에 와서 평일에도 우리 집에서 지내고, 주말에는 함께 놀러 다녀도 좋을 것 같아. 만약 네가 굳이 호스텔에 가는 게 마음이 편하다면 그렇게 해도 되지만, 우리는 네가 몇 시에 오든 두 팔 벌려 환영한다는 것도 염두에 두고 선택했으면 좋겠다. 너무 많이 고민하지 말고, 우리 집으로 와! 다만 걱정스러운 건, 너도 알다시피 20일 전날까지가 아일랜드에서 가장 큰 행사인 성 패트릭 데이 축제 기간이라 우리 집에 사람이 몇 명 더 있을 것 같아. 물론 걔네들도 카우치서퍼야. 사실 우리도 걔네가 언제까지 있을지는 알 수 없어. 하지만 네가 온다면 그 친구들보다 훨씬 멀리서 오는 너를 위해 네가 잘 공간은 무슨 일이 있어도 확보할게. 정말 아무 걱정 말고 연락 줘. See you soon!'

이 메시지를 받은 직후에도 마찬가지로 좀 어리둥절했다. 뭘 이렇게까지 얼굴도 모르는 사람에게 환영을 해주는 걸까? 그리고 집에 손님을 들이는데, 언제까지 있을지 알 수가 없다고? 메시지가 너무 호의적이었던 탓인지 괜히 더 방어 태세가 돼서 하루 정도를 더 고민했다. 그러고는 일단 오케이를 외치면서 연락처와 주소를 받고 무작정 더블린에 도착했다.

택시기사가 주소를 보고 내려준 곳은 한적한 주택가였는데, 늦은 시간이라 그런지 컴컴했다. 일단은 수첩을 뒤져 에바에게 전화를 걸었다.

"에바, 안녕! 한국에서 온 민이야. 지금 막 도착했는데, 주소 체계가 달라서 너희 집이 어딘지를 모르겠다. 스트리트까지는 찾아왔어. 지금 스트리트 이름이 적힌 벽돌담 앞에 있어!"

"정말? 난 니가 자정에나 온다고 해서 지금 막 집에 가는 길이었어. 어쩌지? 일단 집은 3이라고 써 있는 곳을 찾으면 돼. 그리고 나는 10분이면 도착할 거고, 그 전에 우리 하우스메이트 두 명이 자전거로 가고 있으니까 먼저 도착할 거야. 정말 미안해. 조금만 기다려줘!"

"응, 그런데 여기 길 이름 표지판에 아예 3이라고 적혀 있어. 이 길에 주택들이 많은데 어떻게 너희 집을 찾지?"

"아, 그건 우리 집 주소인 3호가 아니라 여기가 더블린 3지역이라는 뜻이야. 그 길에 있는 집 중에서 대문에 3이 붙은 곳이 우리 집이야. 더블린 3지역, 호수도 3호!"

어정쩡하게 3번 대문 앞에 서서 정말 딱 5분 정도 지났을 때, 멀리서 "Hey!" 하면서 남자 두 명이 자전거를 타고 등장했다. 만약 아는 척을 안하고 자전거 두 대가 왔다면 무서워서 식겁했을 법한, 키가 190은 돼 보이는 건장한 남자들이었다. 자전거를 내리면서 "안녕, 난 엠마누엘레야!" 하더니 얼굴이 훅 들어왔다. 전에 스페인 여행을 해본 적이 있어서 이게 평범한 유럽식 볼인사라는 걸 알면서도, 순간 당황해서 얼굴을 뒤로 쑥 빼고 말았다.

"으악! 나 이거 진짜 안 익숙해, 미안. 한국에서는 안 하는 인사라 오래 전에 스페인 여행 다닐 때 이후로 너무 오랜만에 해보는 인사라서…. 준비됐어. 해보자."

당황한 기색이 역력했던 엠마누엘레에게서 웃음이 터졌다. 사실 이 인

사는 이후에도 금방 익숙해지질 않아서, 매번 얼굴이 훅 들어올 때마다 '흡' 하고 놀란 숨을 삼키고는 어색하게 볼을 갖다대며 인사를 했다. 이탈리아인 엠마누엘레와 함께 온 스페인인 차비까지 인사를 마치자 엠마누엘레가 현관을 열었다. 차비가 얼른 문을 열고 내 짐을 들여다 놓고 너도 들어오라고 눈짓을 했다. 우리는 주방 겸 식당으로 들어가 앉았다. 드라마나 영화에서 자주 본 듯한 전형적인 작은 유럽 주방. 마시고 싶은 것을 묻길래 물이면 된다고 했더니 귀여운 컵 대신 500ml짜리 술집 전용 호가든 잔에 물을 가득 따라줬다.

에바보다 먼저 만난 에바의 이탈리안 하우스메이트 청년, 엠마누엘레. 전 세계를 여행하는 게 유일한 낙인 친군데, 지금은 더블린이 좋아 취직해서 2년째 살고 있다고 했다. 그리고 또 다른 유럽 남자, 스페인인 차비. 차비는 바르셀로나 출신인데, 카탈란 지방 사람 특유의 자부심이 대단해서 어디서 왔냐고 하면 절대 스페인이라고 대답하지 않고 "바르셀로나!"라고 외친다. 알고 보니 지난주에 카탈란 파티도 열었고, 더블린에 머물며 함께 있는 내내 카탈란 지방 곳곳을 소개하며 나에게 여행 영업하기 바빴던 친구다.

물 한 잔 먹고 나서도 에바가 아직 도착하지 않자, 집 구경을 시켜주겠다며 2층으로 날 데리고 올라왔다. 에바네 집은 길쭉한 삼층집이다. 1층에는 거실, 주방 겸 식당, 내가 지냈던 작은 게스트룸이 있다. 그 위로

반층을 올라가면 욕실이 있고, 반층을 더 올라가면 에바, 엠마누엘레, 차비의 방이 있다. 그 위로 비밀통로 같은 계단을 올라가면 커다란 다락방이 있다. 거기 이 집의 마지막 하우스메이트, 프랑스인 유진(한국어 유진은 여자 이름이지만, 프랑스어 유진은 남자 이름도 있다!)이 산다. 여기까지 오는 데 얼마나 걸렸냐는 질문에 15시간 정도 걸렸다고 했더니 안 그래도 큰 엠마누엘레 눈이 더 커진다. 유럽인들이 이리저리 여행을 많이 하지만 열 몇 시간 이동하는 일은 흔하지 않아선지 너무 고생했겠다며 혀를 내둘렀다.

잠시 후 사람들이 우르르 들이닥쳤다. 세상에, 이게 다 몇 명이야…. 지금 다시 기억을 더듬어보면, 엠마누엘레, 차비와 나, 에바와 에바의 남자친구 마띠야스, 유진 게다가 에바와 펍에서 술을 먹다가 함께 집에 돌아온 카우치서퍼 셋, 총 9명이 들어온 셈이다. 덕분에 주방은 금방 바글바글해졌다. 에바는 이 집의 유일한 여자기 때문에 금방 서로를 알아보고 인사를 했는데, 나머지 친구들은 누가 여기 사는 사람이고 누가 카우치서퍼인지 알 길이 없었다. 얼른 눈알을 굴려가면서 생각하기 바빴다. 오자마자 주방에서 연결된 거실에 있는 커다란 배낭에 뭔가 챙기고 있는 저 친구들이 아마도 카우치서퍼고, 에바의 손을 잡고 있는 친구는 분위기상 남자친구. 그렇게 제하고 남는 한 명의 남자애가 유진이었다.

여기서 에바의 남자친구 마띠야스에 대한 이야기를 안 할 수 없다. 사실 마띠야스가 전형적인 동양인 얼굴이어서 물어볼까 하다가, 예의가 아닐 수도 있어서 그냥 단순하게 "넌 어디 출신이니?" 하고 물었다. 보통은 그냥 "프랑스야." 하고 끝내는 경우도 많은데, 마띠야스는 자신이 왜 동양인 얼굴인지도 함께 설명해줬다.

"나는 프랑스 출신인데, 한국에서 온 입양아거든. 그러니까 나는 한국인이야."

내가 대학교 3학년 때 일본에 교환학생으로 간 이래, 지금까지 네 번째 보는 한국인 입양아다. 셋 다 미국인이었는데, 프랑스인은 처음이었다.

"한국 이름 있어?"

"응, 성은 철이고, 이름은 김승이야."

아, 여기 또 케니스 같은 애가 한 명 있네!

일본 교환학생 가서 처음 만난 미국계 한국인 케니스. 우연히 친구 생일파티에서 만나서 말을 걸어왔다.

"너 한국인이라며? 나도야! 근데 한국말은 못해. 입양아라서 아기 때까지만 살았거든. 나 한국 이름 있어. 성이 영이고, 이름이 쉘리야! 그리고 한국 남쪽 푸손에서 왔어!"

세상에 이게 다 무슨 소리야…. 잠시 머릿속으로 상황 정리를 했다.

"케니스, 영 쳉리라니, 무슨 중국인과 대화하는 기분이다. 너는 이씨고, 이름은 영찬일 거야. 영쳉리에서 앞에 영이 성이 아니고, 뒤에 리가 성이야. 이영찬이야. 그리고 넌 부산에서 태어난 거야."
"정말? 확실해? 이영찬! 여기 적어봐. 네가 지금 내 정체성을 찾아주는 거야?"

그때 기억을 다시 끄집어내는 마띠야스.
"네 이름은 김승철인 것 같아. 99.9% 확실해. 김이 성이고, 승철이 이름이야."
"김씨가 성이라구? 그런 사람이 많아?"
"김연아. 피겨 안 봐? 음… 김정일!"
"아 김정일! 맞아, 한국에는 김씨가 있지!"
유럽에 있으면, 남한보다 북한이 훨씬 더 유명하다는 사실을 항상 체감한다. 쉽게 설명하면 북한은 국제적인 트러블메이커라 잘 알려진 거고, 한국은 유럽 사람들 인식상 중국과 일본에 끼어 약간은 확실히 와닿는 개성이 아직은 없는 나라인 것 같다. 북한의 인지도만큼 김정일도 참 슈퍼스타다. 물론 매우 부정적인 이미지로.
이런저런 얘길하고 있는데, 갑자기 한 명씩 순서대로 일어나더니 싱크대와 냉장고를 기웃거리기 시작했다.

"너 뭐 좀 먹었니?"

"응, 기내식 먹었는데."

"기내식 가지고 돼? 배고프게 자면 안 되지. 뭐 좀 만들 건데 먹을래?"

"응, 난 항상 먹을 수 있어!"

"완전 맘에 드네 그거!"

그러고는 주방에서 난리가 났다. 마띠야스는 프랑스 치즈 요리를 하고, 유진은 튀김기로 생감자를 직접 튀겨서 홈메이드 감자튀김을 곁들인 엄청 큰 샌드위치를 만들었다. 에바는 독일인답게 독일 맥주 한 잔 하라며 파울라너를 따르고 있고…. 자정이라 다들 잘 시간이니 너희 집 가는 건 실례인 것 같다고 했던 내가 다 무안하게, 멀리서 온 여행자를 대접한다고 다 같이 난리가 났다.

새로 온 사람은 나 하나뿐인데, 상다리가 휘어지게 이것저것 내놓는 통에 자정에 때아닌 파티가 시작됐다. 샌드위치도 세 입, 네 입을 넘어가고 파울라너도 반쯤 마셨을 즈음에야 나에 대한 집중에서 자연스럽게 수다타임으로 넘어갔다. 나는 아직도 그 순간을 생생하게 기억한다. 촛불처럼 희미했던 부엌의 작은 조명이 이제 막 만나 이름도 다 외우지 못한 외국인들 얼굴을 비추고, 그들이 떠드는 소리를 영화의 한 장면처럼 바라보는 내가 있고, 그 모든 장면이 따뜻한 앵글로 잡은 슬로우모션처럼 보였던 더블린의 자정. 이제 막 공항 입국심사대에서 내가 누구인지조차 제대로 설명하지 못해 당황했던 나를, 일순간에 몇 년을 함께한 가족과의 어느 날 저녁식사 속으로 끌고 온 그 순간을 말이다. 순간 그 모든 상황이 마치 내가 어디선가 봤던 외국 시트콤 속 한 장면 같아서, 시차와 맥주 덕에 나른했던 내겐 더더욱 꿈을 꾸는 것 같은 기분이 들었었다.

만약 '초심자의 행운'이란 게 정말로 존재한다면, 나에게는 그날이 아일랜드에 대해 아무것도 모르면서 무작정 달려온 초심자에게 주어진 첫 행운이자 선물 같은 날이었을 것이다. 지구 반대편에서 온 여자애에게 1g의 위화감이나 어색함도 없는 이 친구들 사고방식이 고맙도록 편안해서 좋았다.

차려준 음식이 반 이상 사라졌을 때쯤, 세 명의 카우치서퍼는 잔다고 인사를 하고 거실 문을 닫았다. 알고 보니 내가 온다고 해서, 미국에서 온 세 명의 카우치서퍼는 방을 빼앗기고 거실로 밀려난 상태인 듯했다. 어차피 내일 비행기 때문에 새벽같이 나갈 거라며 혼자 오는 나에게 방을 내어준 마음이 고마웠다. 유진이 익숙하게 어디론가 가더니, 방금 세탁해서 말린 듯한 뽀송한 이불과 베개를 내왔다. 카우치서퍼를 항상 맞이하는 이 친구들은 집에 매트리스만 여러 개, 이불도 항상 준비돼 있었다. 에바가 보낸 메시지가 하나하나 진심으로 이해되는 순간이었다.

굿나잇 인사를 하고 방에 와서 어색하게 서 있는데, 에바가 들어왔다.

"이 구석에 있는 거 제습기야. 소음이 약간 있긴 한데 아일랜드가 습한 날씨라서 아마 켜두는 게 나을 거야. 자다가 정 시끄럽다 싶으면 그때 끄면 돼. 화장실은 윗층이니까 아무 때나 써도 되고, 필요한 게 있으면 말해줘!"

에바에게 고맙다고, 잘 자라고 인사를 하고 아까 먹었던 접시를 치우려고 살금살금 주방에 들어와서 불을 탁 켜는데 뒤에서 에바와 엠마누엘레가 우르르 따라 들어왔다.

"뭐 해? 그냥 거기 놔둬. 우리 집 손님이고 우리도 함께 차려 먹은 건데 오자마자 설거지부터 하면 되겠어? 나중에 너 혼자 아침 챙겨 먹으면 그때나 하고 일단은 놔둬."

먹은 접시만 얼른 씻고 가겠다고 했지만, 에바는 거실에서 자는 미국 친구들 핑계까지 대가며 결국 나를 부엌에서 끌고 나왔다. 하는 수 없이 내일 아침에라도 정리하는 것으로 협상을 했다. 자러 들어가기 전에 몇 가지 알아둬야겠다 싶어서, 에바에게 내가 언제 나가고 언제 귀가하면 좋을지 집에 사람이 있는 시간을 알려달라고 했다. 그랬더니 에바는 윗층에서 열쇠 하나를 가지고 나왔다.

"아, 열쇠 달라는 뜻은 아니야. 나는 방금 만난 사람이잖아. 서운하게 생각하지 않으니까 그냥 시간만 알려주면 돼. 주인 없는 집에 방금 만난 여행자를 둘 수는 없으니까 너희가 집에 있는 시간만 알려주면….”
“너 지금 그렇게 말하는 거 보니까 확실히 그냥 열쇠 줘도 되는 애 같
아. 열쇠 가져가서 편하게 돌아다녀, 자!”

이 친구들의 조금은 대책 없어 보일 정도의 오픈마인드가 어색해서 일
단은 허허 웃으며 열쇠를 받아 들고는 방으로 들어왔다. 방으로 들어
와 문을 닫고 돌아서는 순간, 세스트룸 한가운데에 있는 거울이, 그리
고 그 안에 비친 내 얼굴이 눈에 들어왔다. 덕지덕지 스티커가 붙은 빈
티지한 거울, 그리고 그 거울을 감싸는 벽에 장식된 그 어느 하나 익숙
한 게 없었다. 처음 보는 유럽 어느 방 한쪽 벽에, 조금은 피곤하고 상
기된 표정의 내 얼굴이 덩그러니 있었다. 그제야 내가 ‘남의 집’에 들어
와서 잠을 청하려 하고 있음을 실감했다. ‘어떻게 오긴 왔네.’ 하는 안
도감과 ‘어쩌다가 여기까지 왔지?’ 싶은 막막함이 동시에 밀려왔다. 다
만, 방금 전까지 환대해준 친구들 덕에 그 복잡한 감정 사이에서도 외
로움은 비집고 들어오지 않아 다행이었다.

아까 유진이 가져다놓은 이불을 어색하게 들추고 그 안으로 몸을 밀어
넣었다. 내가 오기 직전에 빨아 널어뒀던 건지, 섬유유연제 향이 폴폴
나는 폭신한 이불을 끌어안고 아일랜드에서의 첫 잠을 잘 준비를 했
다. 코끝이 시리게 외풍이 드는 전형적인 추운 집이지만, 그 안에 있는
사람들만큼 따뜻하고 상쾌한 침구 속에 폭 파묻혀서 좋은 꿈을 꿨다.

아일랜드에서 처음 내게 안겨준 이 친구들이 초심자의 행운이 맞다면, 어쩌다 내게 떨어진 행운을 요행으로 받아들이는 알량한 사람은 되지 말아야겠다고, 그날 잠들며 생각했다. 과한 의심을 하지도 과한 친절을 익숙해하지도 않으면서, 좋은 마음을 좋은 인연으로 이을 수 있는 좋은 카우치서퍼로 지내다가 돌아가야겠다고 다짐했다. 아마도 지구 반대편에서 처음 생활여행을 시작했던 그날의 기억이, 나를 더블린 사람들만큼이나 두 팔 벌린 여행자로 살 준비를 해줬던 것 같다.

BACK IN MY DAY...
WHEN I WAS I KID...

Music Note Shops
Couch Surfing
COUCHSURFING
HOUSE PARTY
6TH AUGUST 2010
FRIENDS
DRINKS
MUSIC
FUN

#3 하우스메이트들의
일주일 속성 과외

한국에서는 나름 정장 입고 출퇴근하면서 천억대 예산을 두고 날카롭게 신경전을 하는 커리어우먼이었고, 살면서 어느 집단에 가든 어리바리한 캐릭터와는 거리가 먼 나였건만, 더블린에 도착한 순간 나는 어린아이가 됐다. 한국과 도로 방향이 반대인 길 건너는 법, 버스 타는 법, 유로 동전 효율적으로 사용하는 법 등 모든 걸 처음부터 배워야 했다.

그중에서도 가장 먼저 나를 고군분투하게 만들었던 것은 바로 문 따기였다. 세상에, 내가 문 하나 제대로 못 여는 바보 중의 바보가 되다니! 유럽 주택에는 이런 문이 많은데, 열쇠를 꽂고 약간 당기면서 돌리면 반동이 생기면서 그때 열쇠가 돌아가야 딱 열리게 되어 있다. 나는 유독 이걸 정말 못 했다. 외출했다가 들어올 때마다 대여섯 번을 실패해서 바깥에서 문을 잡고 낑낑대면서 달그락달그락 꾸물대고 있으면, 거실에서 놀던 엠마누엘레나 차비가 와서 '또 너야?' 하는 표정으로 웃음을 참으며 문을 열어줬다.

"잠깐, 민. 들어오지 말아 봐. 다시 해보자. 봐봐, 잠궜지. 이제 열어봐. 아니지, 이게 문제구만. 돌릴 때 약간 당겨야 돼. 이 느낌을 네가 알아야 되는데…. 이게 왜 안 익숙해지지? 너희 집 열쇠는 안 이래?"

열쇠고 자시고, 도어락이라서 비밀번호를 누르게 되어 있다고 했더니 역시 기술은 사람을 바보로 만든다고 자꾸 놀렸다.

"자 왼손으로 잡고 해야 해. 돌리면서 딱 당겨서, 그렇지! 거 봐, 열리잖

아. 이제 혼자 해봐."

분명히 따라 할 땐 되는데, 외출했다 들어오면 또 안 열렸다. 이리 돌리고 저리 돌리다 보니, 하루는 내가 반대로 열쇠를 움직였는지 이상하게 잠겼는데 열리질 않아서 '문 못 따는 것도 기술이지만, 문 따려다가 더 복잡하게 잠그는 것도 대단한 기술'이라는 오명도 썼다.

나는 에비네 집에 산 지 3일째가 되어서야 혼자서 문을 따고 들어갈 줄 알게 되었다. 열쇠로 문 따는 것마저도 한국과 달라서 씨름하는 나를 이 집 식구들은 하나같이 신기하고 귀엽게 여겨줬다. 어느 날 몸이 좋지 않아서 이틀간 방에서 나오지 않았던 적이 있는데, 부스스한 꼴을 하고 부엌에 나타난 나를 보고 화들짝 놀란 친구들이 이런 말을 했을 정도다.

"네가 안 나타나길래 나갔다가 안 들어온 건 줄 알고 다들 얼마나 놀랐는지 알아? 방에 꽁꽁 숨어 있으리라고는 상상도 못 해서 열어보지도 않았네. 우리 아무도 없을 때 문을 못 따서 외박한 건가 걱정했어!"

이쯤 되니 내가 현관문을 따고 들어오는 것도 하나의 소소한 에피소드가 됐다. 에바네 집에 간 지 며칠이 지나서야 처음으로 한방에 문을 땄고, 나도 모르게 '오!' 하는 탄성이 입 밖으로 나왔다. 조용히 거실로 들어가자, 안에서 차 마시던 친구들이 내 얼굴을 보고 깜짝 놀라더니 이내 환호성을 질렀다.

"문 열려 있었어? 네가 땄어? 진짜? 대단하다! 이제 시집 보내도 되겠는데? 애들한테 전화해. 오늘 파티라도 해야겠어!"

하우스메이트들이 반가워하며 허공으로 뻗은 손을 하나하나 잡으면서, 살다 살다 현관문 하나 딴 것으로 이토록 환영받을 줄이야 싶은 마음에 만감이 교차했다.

문 따기 미션을 시작으로, 너블린 생활에 적응하기 위해 클리어해야 할 수많은 난관들이 이어졌다.

#4 난이도 상,
   공포의 버스 타기

"민지야, 오늘 성공했어?"
"아니….”
"이번엔 또 왜?"

아일랜드에 온 후 나를 주눅들게 하는 투톱이 있었으니 하나는 문 따기, 하나는 버스 타기였다. 지하철처럼 기계가 시키는 대로 누르고 나중에 티켓만 넣고 나오는 시스템이면 오죽 좋으련만, 더블린의 모든 게 친절하대도 유독 버스 시스템만큼은 그렇게 불친절할 수가 없었다. 더블린에서 온 직후, 눈앞에서 돌아다니는 더블린 버스를 입 벌리고 바라만 보며 며칠을 보냈다. 그러다 용기 내서 버스를 타보리라 다짐하고 시티센터에 있는 버스안내소에서 지도를 얻어서 요금을 확인했다. 구간별로 요금을 내게 되어 있고, 그 요금 역시 탈 때 알아서 계산해서 내야 하는구나!

동전을 쥐고 한참 버스를 기다리다가 내가 탈 버스가 다가오길래 한국에서 하듯이 자연스럽게 기사 아저씨와 아이컨택을 했다. 아저씨가 눈인사를 하듯 웃길래 차도 쪽으로 다가섰는데, 휭 하고 지나가버렸다. 도대체 왜? 황당한 표정으로 버스 뒷꽁무니를 바라보다가 정류장에 우두커니 서 있는데 다음 버스가 왔다. 그러자 내 옆에 있었던 할머니가 엄지를 척 들고 버스를 세우셨다.

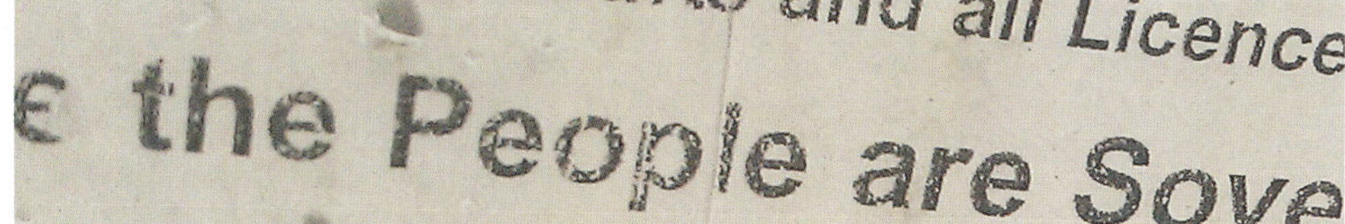

Dublin Bus
Never change a crappy system

9, 49a, 51b, 51c,
3a

버스를 세워야 해? 이게 무슨 택시야?

하지만 놀랍게도 누군가 버스를 세우지 않으면 버스는 서지 않았다. 심지어 버스정류장은 작은 더블린 사회와도 같았다. 다가오는 버스를 향해 누군가 쭈뼛쭈뼛 '나 저거 탈 거야' 하는 움직임을 보이면, 보통은 건장한 아저씨가 대표로 버스를 세웠다. 버스정류장을 서성대며 어색하게 대화를 나누던 어느 커플은, 버스 한 대가 다가오자 남자가 멋지게 나서서 엄지를 척 세우고서 버스를 잡아 여자친구를 태우면서 전화하라는 손짓과 함께 이별을 고하기도 했다. 택시 잡아주는 남자는 전 세계에 있겠지만, 더블린에는 버스 잡아주는 신사들도 있다!

그러니 단순히 눈인사를 한 나는, 버스정류장에서 모든 기사들에게 인사를 하는 예의 바른 아가씨 이상도 이하도 아니었을 터. 첫날 열심히 버스 타는 방법을 차비한테 설명 듣고 왔는데 또 낭패였다. 그다음 버스를 기다리자니 배차간격이 너무 길어서 결국 또 터덜터덜 걸어서 집으로 돌아왔다.

우리나라는 내릴 때 카드를 태그하면 거리에 따라 알아서 계산이 됐지만, 당시 더블린 버스는 탈 때 어디까지 가는지를 말하거나 금액을 말해야 했다. 구간마다 요금이 다르기 때문이다. 문제는 그 노선도가 자세히 나와 있질 않고, 한국으로 치면 종로~용산~강남 이런 식으로 드문드문 써 있는 게 문제였다. 나처럼 더블린 전체 거리에 대한 감이 없는 사람은, 이렇게 써 있어서는 내가 가는 곳이 어느 구간인지 알 길이 없었다.

그래서 걱정하는 나에게, 차비는 그냥 버스기사에게 물어보라고, 그렇게 조급하게 운전하지 않으니 질문해도 잘 알려줄 거라는 팁을 줬다.

용기 있게 버스를 잡아 타고, 심호흡을 하고 아저씨에게 물었다.

"클론모어 로드까지 가요. 얼마예요?"

"너 동전 있니?"

요금따위 부족하지 않아! 얼마인지 모르니 5유로 지폐를 손에 꼭 쥐고 타길 잘했다.

"동전은 없지만 5유로로 낼 거예요."

기사 아저씨가 갑자기 목소리를 낮추시더니 손짓을 하며 말씀하셨다.

"그거 얼른 주머니에 도로 넣고, 그냥 가서 앉아라. 쉿!"

왜? 하는 생각이 순간 스쳤지만, 일단 아저씨가 조용히 타라고 하시기에 일단 조용히 자리로 왔다. 분명히 거스름돈은 동전으로 못 받는다는 걸 미리 들었고, 영수증으로 주면 나중에 버스사무소에서 환급받으면 된다기에 그렇게 할 생각이었는데…. 아마도 누가 봐도 어리바리 관광객인 내가 제대로 버스사무소에서 환급이나 받겠나 싶어서 그냥 돈을 안 받고 태우신 모양이었다. 기사 아저씨의 배려 탓에 오늘도 제 값 내고 제대로 버스 타기도 실패. 요금을 아는 것도 실패했다. 정류장

APACHE
PIZZA
HOSTEL
BURTON
PETER PAN
TO LET

에 설 때마다 구간을 직접 세야겠다 싶어 손가락을 하나씩 꼽았다. 그런데 생각해보니 이 버스, 안내방송도 안 나오잖아? 누구도 당황하지 않고 편안한 표정인 걸 보면 원래 안 나오나 보다. 열심히 버스 안을 두리번거렸지만 버스 내에도 노선도는 없다. 순간 당황해서 옆에 앉은 아저씨에게 어디서 내려야 하냐고 물었더니 다음에 내리면 된다는 대답이 돌아왔다. 버스가 브레이크를 밟길래 얼른 일어나면서 감사하다고 인사를 했는데, 아저씨가 이다음 정류장이라면서 좀 있다 벨 눌렀다가 내리라고 알려주신다. 더블린 버스 니가 뭔데, 나 진짜 유치원생된 기분이야….

더블린 버스는 뒷문이 없다. 내리면서 기사 아저씨에게 다시 한 번 감사인사를 하고 버스에서 내렸다. 떠나가는 버스를 바라보며 그제야 한숨이 나왔다. 도대체 이게 뭐라고. 버스 한번 타기가 왜 이렇게 어려운 거야!

집에 들어가서 옷 갈아입고 식탁에 앉아서 커피를 끓이는데 차비가 들어왔다.

"오늘 집에 있었어?"

"아니, 집 보러 돌아다니다가 방금 들어왔어."

"그렇구나. 오늘은 성공했어?"

"그게, 타긴 탔는데…."

차비는 '탔는데?' 하면서 얼른 뒷얘기도 해달라는 표정으로 식탁에 앉았다.

"내가 구간마다 얼만지 잘 모르니까 5유로를 가지고 탔단 말이야. 얼마가 나오든 5유로는 안 넘으니까…. 근데 아저씨가 그거 주머니에 넣으라고 하시더니 그냥 태워서 얼만지 못 들었어. 정류장이 몇 갠지 세고 있었는데 그것도 어디서 내리는지 옆에 있는 아저씨한테 물어보느라고 헷갈려서 못 셌어."

차비는 버스회사에서 받은 안내서 당장 가져오라면서 가방에서 주섬주섬 볼펜을 꺼냈다. 얼른 방에서 갖고 나와서 식탁 위에 착착 펴고 다시 한 번 버스 공부 스타트.

"이거 봐, 모든 정류장이 나와 있지는 않아도 어느 구간까지가 이 가격인지는 나오거든. 일단 1.2유로는 넘네. 다음 1.65 구간 여기 나와 있는 이 지명이 지도상으론 여기야. 우리 집보다 더 멀리 간 곳이니까 우리 집은 딱 1.65 안에 들어오니까 그만큼을 내면 돼. 너 지금 동전 있는 거 다 꺼내봐."

지갑을 탈탈 털었는데 1유로짜리 두 개, 50센트짜리 한 개가 나왔다. 차비가 주머니를 뒤져서 10센트, 5센트짜리 동전을 찾아서 1유로 65센트를 맞추더니 내 앞으로 내밀었다.

"자, 이거를 돈통에 넣으면서 자신 있게 말하는 거야. '1.65요!' 행선지는 굳이 말 안 해도 돼. 그냥 '원 식스티 파이브!' 하면 되는 거야. 영수증이 찍찍찍 하면서 나오면 그걸 딱 뜯어서 프로처럼 들어가서 앉는 거지. 내일은 꼭 성공해라!"

정말 이 친구들 아니었으면 더블린에서 어떻게 적응했을까? 매일매일 버스는 잘 됐는지, 오늘 알아보러 간 집 주인은 좋은 사람이었는지 꼬치꼬치 캐물으며 도와준, 내 더블린 생활의 인큐베이터. 돌아다니고, 길을 찾고, 집을 구하는 모든 일은 나 혼자 힘으로 해야 했지만, 터덜터덜 집에 들어오면 항상 괜찮냐고 물어오는 네 명의 엄마들이 있어서 항상 다시 발랄하게 이튿날을 시작할 수 있었다. 버스 타기 미션도 다음 날 멋지게 성공해서 들뜬 마음으로 집에 들어와 자랑을 했다. 차비는 놀림 섞인 칭찬과 함께 냉장고에 있던 맥주를 꺼내 따면서 축하해줬다. 더블린에서 집 구하기만큼 긴장됐던 미션, 버스 타기. 재수도 아닌 삼수 끝에 겨우 성공!

불편하다고 투덜댔지만, 루아스와 다트 등 지상전철에 비해 훨씬 운행 빈도가 높은 버스는 더블린의 유일한 교통수단이나 마찬가지다. 나름 정들고 보면 장점도 많은 더블린 버스이니 좋은 점과 나쁜 점을 골고루 이야기해보자.

우선, 더블린 버스의 좋은 점 :

1. 2층버스다. 투어버스를 따로 비싸게 탈 필요가 없다. 통유리에 작은 시내 곳곳을 누비는 2층버스야말로 더블린 여행자에게 추천할 만한 필수 어트랙션!

2. 친절한 버스기사가 있다. 노선도와 안내방송이 없는 대신 무엇을 물어보든 친절하게 대답해준다. 만약 노선은 알겠는데 내릴 정류장을 모르겠다면, "저 어디서 내리고 싶은데 내릴 때쯤 알려주실 수 있나요?" 하고 부탁한 후 운전석 가까운 곳에서 무한 아이컨택을 하는 것도 방법이다. 내릴 곳이 다 되면 "얘야 내리렴~" 하는 아저씨의 따뜻한 안내를 받을 수 있다.

3. 급정거, 급출발이 없다. 노인들도 많이 이용하기 때문이기도 하고, 원체 서두르는 법이 없다. 미리 전진해서 나가 있지 않더라도 타고 내

리는 데에 지장이 없다.

4. 다행히 최근 'Dublin Bus' 앱이 나왔다.

하지만 워낙 모든 게 편리한 한국에 살던 한국 토박이인 탓에 여전히 적응하기 힘든, 더블린 버스의 야속한 점 :

1. 정기권 외 승차 시, 환승 할인은 없다

2. 요금이 비싸다. (최저 1.8유로, 한국 돈 2,500원, 2014년 기준)

3. 정확한 요금을 내지 않으면 거스름돈은 안 나온다. 영수증으로는 받을 수 있는데, 더블린 버스 메인 사무소까지 가야 환급받을 수 있다.

4. 정류장에 버스시간표가 있긴 한데, 이것은 '종점 출발 시간'에 불과하므로 실제 아무 의미가 없는 시간표다.

5. 택시마냥, 잡아야 선다. 히치하이킹 스타일로 엄지손가락을 쳐들며 기사에게 이글이글 아이컨택을 해야 한다.

6. 안내방송이 없다. 알아서 버튼 눌러야 하고, 본인이 알아서 어느 정류장에 서는지 확인해야 한다.

더블린이 웬만한 곳은 도보로 다닐 수 있는 아담한 곳이어서 망정이지, 그렇지 않았다면 진작에 누군가가 들고일어나도 들고일어났을 것이다. 탈 때마다 어색하지만, 그래도 용기를 내어 버스를 세우고 2층

맨 앞자리에 앉아 도시 풍경을 감상하는 기분이란, 험난한 버스 미션을 클리어해보지 않은 사람은 모르는 꿀맛 같은 시간이다.

여행이란 원래 그런 일들의 집합체다. 뭘 해도 칭찬받기 힘든 현실을 벗어나서, 하루를 그저 무탈하게 사는 것에 성공하는 나에게 인색했던 칭찬을 몰아주는 일. 콩나물 시루 사이를 파고 들어가 기 빨리는 인파 속에서 하루를 시작하던 날들에서 버스 타기 그 자체에 성공한 것마저도 이 얼마나 기특한지를 어르고 달래는 일. 매일이 모험임을 감수하더라도 나를 향한 칭찬거리가 매일 이어지는 것에 순수하게 기뻐하는 방법을 배우는 일.

#5 더블린에는 이방인이 없다. 아직 대화해보지 않은 친구가 있을 뿐

더블린에는 외국인이 정말 많다. IT 관련 회사의 유럽 본사가 많이 있기도 하고, 영어를 배우러 오는 유럽인들도 많다. 물론 관광객도 많다. 혹자는 더블린은 아이리쉬 억양이 강해서 영어를 공부하기 좋지 않은 환경이라고들 하는데, 오히려 이방인이 많은 도시기 때문에 평균적으로 알아듣기 쉬운 영어가 많이 들리는 편이다.

친구 많은 에바네 집에는 항상 사람들이 북적였는데, 특히 느즈막히 눈을 떠서 화장실이라도 가려고 하면 모르는 얼굴이 인사를 했다. 처음 하루 이틀은 당황했는데, 나중에는 누가 와도 그러려니 하고 "안녕, 나는 한국에서 온 민이야." 하고 자연스럽게 소개를 하게 됐다. 외국인 많은 아일랜드에서는 '나는 어디서 온 누구야'라는 자기소개가 흔하게 쓰인다.

누군가 '더블린에는 이방인이 없다. 아직 대화해보지 않은 친구가 있을 뿐'이라는 말을 했다던데, 에바네 집은 그런 더블린을 축약해놓은 듯한 공간이다. 부엌에 밥 먹으러 나가면 항상 하우스메이트들의 친구 중 누군가가 나와서 앉아 있다. 그러면 나도 '너는 또 누구냐' 할 것 없이 웃으면서 자기소개를 하고 옆에 앉아서 커피에 아침식사를 시작하면 된다. 하우스메이트들 중 누구 친구인지 딱히 물을 필요도 없다. '누구의 친구'라는 게 무의미할 만큼 모두와 일상과 인맥을 공유하는 그런 집이었다.

하루는 에바와 함께 더블린 소셜센터에 가기로 했다. Seomra Spraoi라는, 기부로 운영되는 동네 커뮤니티다. 더블린 시내 한구석에 있는 허름한 건물을 빌려 꾸며놓은 공간인데, 매주 무료 강좌부터 식사 모임도 한다. 이날은 여기서 채식 식사를 함께하기로 했다.

나와 에바는 알림판을 들여다보다가 스페인어 강좌를 발견하고 함께 오자고 입을 모았다. 물론 공짜 강좌가 다 그렇듯이, 한 번도 실제로 오지는 않았다. 에바와 함께 친구들을 기다리는 동안, 에바의 친구인 나이 지긋한 아저씨와 이야기가 붙었다. 최근 근황이라면서, 영국 북아일랜드의 벨파스트에 다녀온 얘길해주셨다.

번호판 없는 차를 운전하고 돌아다니다 길에서 만난 친구들이 주는 걸 냅다 피웠는데, 자고 일어나니 이틀이 지나 있었고 기억은 없었다고 했다. 차가 등록 안 된 중고차라 결국 경찰에게 잡혔고, 벨파스트에 사는 친구가 대신 찾아와 벌금을 내준 후에야 풀려났단다. 그리고 그 친구는 지금 더블린에서 그 벌금을 방값으로 퉁치자고 제안해서 이 아저씨 집에 한 달간 살고 있단다. 연금으로 만날 유유자적 놀러 다니는 게 낙이라는 아저씨는, 너무 이 위험한 경험을 무미건조한 일상처럼 이야기해서 나와 에바를 한참 웃게 만들었다.

아저씨의 황당한 이야기가 좌중을 휩쓸고 지나갈 때쯤, 이사벨과 마틴이 왔다. 에바를 만나러 온 이사벨, 그리고 이사벨을 만나러 더블린에

SIOMRA SPRAG
DUBLIN ATONOMOUS SOCIAL CEN
DIRTY DISHES
FOR
WASHING

70

온 마틴. 마틴은 이사벨이 세르비아에서 교환학생을 하던 시절 함께
지냈던 스페인 친구라고 했다. 지금은 더블린에 여행을 와서 이사벨
집에 신세를 지고 있단다. 잘됐다는 듯 이사벨이 날 붙잡고 물었다.

"맞다. 너도 여행한다고 왔는데 오히려 관광지는 많이 안 갔지? 내일
나 낮에 일이 있는데 그사이에 둘 다 안 가본 곳 있으면 좀 돌아다니고
그래. 너도 혼자 가기 뭐해서 미뤄둔 곳이 있을 거 아냐."

마침 나도 마틴도 기네스 양조장에 가보질 않았다. 사실 가면 기네스
도 한 잔 주고 전망도 볼 수 있다던데, 혼자 펍은 갈지언정 관광객이 삼
삼오오 모이는 기네스 양조장에서 혼자 맥주를 마시고 있는 건 또 다
른 청승맞은 상황 같았기 때문에 아직 못 간 상태였다.

"잘됐네! 민, 그럼 나랑 같이 가자. 어차피 낮에는 이사벨이 바빠서 혼
자 돌아다니는데 누구랑 가나 싶었거든. 입장료도 비싼데 이미 가본
델 끌고 갈 수도 없어서 곤란했어. 다행이다!"

마틴과 나는 그 자리에서 내일 일정을 잡았다. 그러는 사이 식사가 준
비됐다. 사람들이 슬슬 줄을 선다 싶어서 우리도 얼른 꽁무니에 붙었
다. 간단한 채식 식단이고, 원하는 만큼 식사값을 지불하면 소셜센터
에 기부되는 방식이었다. 추천 기부액을 5유로로 정해두고 있어서, 다
들 그 정도를 냈다. 나도 동전을 긁어모아 5유로를 냈다. 8,000원. 한
국에선 싼 가격이 아니지만, 아일랜드에서 5유로로 한 상 먹는 건 불가

능한 일이다. 게다가 디저트도 함께 주니 먹지 않을 이유가 없다. 무뚝뚝한 아주머님이 만든 수제 사과파이였는데, 이사벨과 나는 하나씩 더 받아먹었을 만큼 맛이 좋았다.

식사가 끝나면, 직접 설거지를 하도록 되어 있다. 각자 먹은 접시를 직접 씻고, 한편에 놓인 커피나 차를 마시면서 거기 모인 사람들과 허물없이 시간을 보낸다. 헌 자전거를 받아서 수리하는 공간이 마련되어 있는데, 보증금을 내면 대여도 할 수 있다. 마틴은 남은 기간 더블린을 돌아다닐 때 쓰겠다면서 자전거 하나를 고르러 갔다.

밥 먹을 때부터 어디서 자꾸 음악이 들린다 했더니, 한편에서 훈남 청년들이 연주를 하고 있었다. 어디서든 음악을 들을 수 있고 어디서 누가 연주를 해도 새삼스러워하지 않는 곳, 아일랜드. 소셜센터도 예외는 아니었다.

노래가 좋아서 홀린 듯이 보고 있었더니, 나보고 대뜸 노래를 해보라고, 어떤 노래든 맞춰서 반주를 해주겠다고 했다. 노래방에서도 가장 먼저 부르는 건 부담스러운데, 아무리 소셜센터지만 이런 오픈된 데서 노래라니! 손사래를 쳤지만 에바와 이사벨까지 합세해 등을 떠밀었다. 갑자기 생각나는 노래가 없다면서 곤란해하고 있는데, 그런 내 맘을 알았는지 누구나 알 만한 제이슨 므라즈의 〈Lucky〉 반주를 연주하며 내 눈을 맞추는데 거절할 수가 없었다. 나는 기어 들어가는 목소리로 노래를 시작했다. 다행히 분위기에 취해 여러 사람이 따라 부르던 목소리가 슬슬 떼창이 됐고, 덕분에 솔로의 압박에서 탈출했다.

아일랜드에 오기 전까지, 나는 ‘누구의 친구’라는 소개 멘트가 그와 나의 관계에 쉬이 넘지 못할 장애물을 설치한다는 것을 알지 못했었다. 에바와 함께 만난 이사벨과 친구가 됐고, 이사벨과 함께 간 더블린 소셜센터에서 마틴을 만났다. 마틴은 나와 기네스 양조장을 구경하고 스페인으로 돌아갔고, 훗날 내가 스페인을 여행할 때 루트를 함께 짜주고 흔쾌히 남는 방도 제공해줬다.
만약 에바의 친구 이사벨, 에바의 친구인 이사벨의 친구 마틴으로 서로를 시작했다면 어려웠을 일이다. 누구와도 동행할 수 있는 사람, 누구도 중간에 끼우지 않는 사람으로 사는 일은 모든 관계를 더 심플하고 즐겁게 만들었다. 국적도 직업도 살아온 인생도 생략하고 그저 당장 곁으로 다가가도 어색하지 않은 사람들이 늘어갔다. 다가갔던 적이 없었을 뿐 이방인은 애초에 아니었던 친구, 우리 모두는 그런 것을 그리워하며 전 세계에서 모여든 더블리너일 뿐이었다.

운영시간 : 월~목요일 6-10pm

홈페이지 : http://seomraspraoi.org/

이메일 : seomraspraoi@gmail.com

전화번호 : 01 872 8670

주소 : 10 Belvidere Court, Dublin 1

기본적으로 무료로 운영되고 있으며, 각 프로그램에 따라 정해둔 추천 기부액을 지불한다.

정기 이벤트 (2014년 기준)

월요일 : 스페인어 수업 6:30-8pm, 2유로 기부 추천

화요일 : 티타임 카페 6-8pm, 6-7:30pm에 채식 식사와 디저트가 제공 되며, 5유로 기부 추천

수요일 : 자전거 수리 워크샵 6-9pm

Seomra 카페 나이트 7:30-8:30pm, 10시까지 운영되는 채식 식단 카페로, 7유로 기부 추천

목요일 : Seomra's 베이커리 5-7pm, 컵케이크 하나당 1유로 기부 추천

The Vegan
Cafe
Suggested
Donation
£5

Eolas do Thursasoiri
TOURIST
INFORMATION
P
BROWN
THOMAS
CAR PARK

더블린행을 결정한 그 순간부터 가장 큰 걱정은 역시 집 구하기였다. 혼자 외국에서 집을 구해서 살아본 적도 없고, 특히 외국인들 사이에서 집 구하러 발품을 팔려고 생각하니 걱정이 이만저만이 아니었다. 심지어 하필이면 머물 기간도 3개월. 애매하기 그지없었다. 내가 집주인이래도 외국인 아가씨가 꼴랑 3개월간 살겠다고 하면 당연히 퇴짜부터 놓겠지 싶은 이성적인 판단이 들면서, 집 구하기는 점점 더 부담스러운 미션으로 다가왔다.

하지만 그렇다고 길거리에 눌러앉을 수야 있나. 일단 무조건 부딪쳐봐야지 싶어 통신사 대리점으로 달려갔다. 요즘 몇몇 스마트폰 기기를 제외하고는 유심칩만 갈면 한국에서 쓰던 폰을 그대로 사용할 수 있어서, 유심칩을 사서 끼우고 내 번호를 확인했다. 그러고는 와이파이 터지는 카페로 들어가서 본격적인 집 탐색 작업을 시작했다. 인터넷을 검색해 아일랜드 최대 부동산 검색 사이트 'www.daft.ie'에 접속했다. 매매나 전세뿐만 아니라 하우스메이트를 구하는 글들도 많다.

먼저 지역을 정해야 한다. 일단 내가 잠시 신세지고 있던 에바네 동네는 조금 위험한 지역이라는 말을 전해 들었다. 더블린 3, 악명 높은 썸머힐에서도 더 넘어간 지역. 막상 에바네 친구들은 아무 일도 당한 적이 없다지만 한국 유학생 사이트에서 간간히 보이는 그 동네에 대한 도시괴담을 지나칠 수가 없었다. 그래서 지역에 대한 정보를 알아보니, 아니나 다를까 더블린 중심을 지나는 리피 강을 기준으로 남쪽은 좋은 동네, 북쪽은 상대적으로 조금 덜 좋은 동네라는 평판이었다. 나름 더블린도 강남스타일!

집을 구할 때는 일단 자신의 생활패턴을 냉정하게 파악해야 한다. 일단 나 같은 귀차니스트는 절대 먼 길을 걸어서 마트나 슈퍼를 가지 않을 것이나. 방세 몇 십 유로에 혹하기 시작하면 부지런히 움직이고 운동할 겸 더 걸어다니면 되지 하고 자기 합리화를 시작하게 되기 마련이지만, 그런 우를 범했다가는 주야장천 버스나 택시를 타느라 생활비를 날릴 위험성이 있다. 20대 중반이 넘어갔으니 이제 내가 그런 게 가능한 성격이 아님은 인정해야 한다. 그러니 시내에서 너무 떨어진 곳은 제외했다. 저녁에 맥주 한 잔 하고 늦은 시간 걸어서 돌아와야 할지도 모르니 일단 무조건 골목이 아닌 큰길가, 치안이 비교적 좋다는 남쪽 지역, 인터넷만큼은 빵빵 터져야 하니 인터넷 용량에 제한이 있거나 제대로 연결 안 된 곳은 안 되고…. 그리고 같은 글이 너무 자주 올라왔거나, 올라온 지 오래된 글은 집에 문제가 있다는 점으로 간주하고 제외했다.

꼭 사수하고 싶은 조건을 이 정도 정했으면, 이제는 과감하게 포기해도 되는 조건도 정해둔다. 그런 필터링이 없으면 후보지를 정하기 번거롭다. 일단 유럽 쉐어하우스는 워낙 남녀가 하우스메이트로 사는 게 흔한 일이고, 나도 거부감이 없으니 여자만 사는 집 같은 카드는 과감히 포기하고, 대신 하우스메이트를 최대한 전부 만나보고 소개글에서 안심할 만한 문구를 찾기로 마음을 돌렸다. 또 계약기간을 3개월로 검색했더니 너무 물건이 없어서, 6개월부터 세입자를 받는 곳으로 필터링 조건도 바꿨다. 사정상 일찍 나간다고 할 수도 있고, 실제로 내가 마음이 바뀌면 더 오래 있을 수도 있는 일이니까. '하우스메이트들이 다 친해서 가끔 시끄럽게 파티를 해요.'도 오케이. '집주인이 지방에 있어서 집을 잘 돌봐주지 못할 수도 있어요.'도 오히려 땡큐니 오케이. 그렇게 정하고 나니 금방 몇 군데가 눈에 들어왔다.

일단 용기를 내서 번호가 있는 곳은 문자를, 없는 곳은 쪽지를 보냈다. 문자 내용은 간단히 '안녕하세요, 방을 찾다가 글을 발견했습니다. 방 나갔나요?'로, 쪽지의 경우에는 좀 더 길게 쓸 수 있으니 자기소개를 넣어서 구구절절.

'안녕하세요, 저는 한국에서 온 27살 여자입니다. 몇 달간 편하게 지낼 집을 찾고 있어요. 사람들과 어울리는 것을 좋아하고, 동시에 집을 사용하는 부분에서는 적당히 독립적이고 책임감이 있다고 생각합니다. 집에서 지내는 시간이 많겠지만 아일랜드는 처음이라서 친구들을 데려와 파티를 연다거나 하는 일은 없을 것 같고요, 서로 공간을 잘 지키면서 즐겁게 지낼 집을 찾고 있습니다. 혹시 방이 아직 나가지 않았다

면 보러 가도 될까요? 편한 시간을 제 번호에 문자로 보내주시면 연락 드리고 찾아가겠습니다!'

그렇게 두근두근 답장을 기다린 후, 몇 군데 약속을 잡으면 일단 큰 산은 넘은 셈이다. 잡은 약속시간을 잘 맞춰서 가되, 자주 게시글을 확인해서 금방 올라오는 좋은 물건도 놓치지 않고 찜해두는 게 중요하다.

이제 직접 집을 보러 가야 하는데, 초행길인 나에게는 집 찾는 일이 참 어려웠다. 결국 또 택시를 이용했는데, 이때 택시기사 아저씨들 도움을 참 많이 받았다.

하루는 더블린 8지역에 있는 집 하나를 보러 가는데, 내가 집을 구하러 간다고 했더니 아저씨는 인근 지역에 대한 설명을 거의 가이드급으로 늘어놓으셨다.

"이쪽 지역에는 살면 안 돼. 봐봐, 너무 오래되고 작은 주택들이 모여 있으니까 안 좋아. 이 뒷길로는 작은 가게들이 많은데 물건이 싸서 잘 고르면 어부지리로 좋은 물건들을 살 수 있어. 지금 왼쪽으로 보이는 이쪽에는 집 구하지 말거라. 외국인들이 많아서 위험하거든."

"기사님, 저도 외국인인데요."

"그런 외국인 말고. 에헤이, 무슨 말 하는지 알면서 왜 그러니. 여튼 외국인이 많아서 위험해."

길을 잘못 들어서 택시를 탄 건 사실이지만, 집을 구하러 택시를 타고 다니면서 나는 더블린에 대해 많이 배웠다. 아저씨들은 혼자 집을 구한다고 주소가 적힌 쪽지 하나를 들고 그 쉬운 길을 못 찾아서 택시까지 탄 내가 안쓰럽고 못 미더웠는지, 내가 이 주변 어디겠거니 하며 얼른 내리려고 하면 기어이 집주인 번호를 물어서 직접 전화를 걸어줬다. 그러고는 집 앞에 정확히 내려주며 '통화해보니 집주인이 좋은 사람 같더라, 잘 얘기해서 좋은 집 골라라.' 하며 자기 일처럼 챙겨줬다. 본인 전화번호가 적힌 종이를 주면서 어딘가에서 헤매게 되면 연락 달라고 하는 조금은 과한(?) 친절을 베푸는 분들도 있었다. 하지만 모두들 딸래미 처음 학교에 데려가는 아버지들처럼, 걱정과 잔소리와 격려가 섞인 이야기들을 늘어놓으며 이 집 저 집에 데려다줬다.

City Sightseeing Dublin
Hop On
Hop Off

#7 쉐어하우스 이야기

미드 〈프렌즈〉, 〈뉴걸〉 등을 보면서 쉐어하우스 라이프에 환상을 가진 사람들이 많을 것이다. 나도 그중 하나였다. 더블린에는 워낙 공부나 일을 하러 온 유럽 젊은이들로 넘쳐나기 때문에 특히 시내 중심가에는 쉐어하우스가 보편적인 주거 형태다. 모르는 사람들끼리 모여 사는 만큼 항상 에피소드도 많다.

먼저, 더블린에서 집을 보러 갈 때는 집 그 자체만큼이나 하우스메이트를 꼼꼼하게 보는 것도 중요하다. 앞서 말했듯 나 역시 좋은 하우스메이트로 보여야겠지만 그것만큼 집 분위기를 잘 보고 오는 것도 중요하다. 하지만 '나 언제 갈 거니까 너희 하우스메이트들 다 모여 있어.'라고 요청할 수도 없는 일. 일단 daft.ie의 소개글을 꼼꼼하게 읽어서 하우스메이트들의 분위기를 파악해두는 것도 요령이다. 소위 '집 스펙'에 해당하는 가격, 방 구조, 위치 등만 간단하게 쓴 글보다는 최대한 자세히 집에 사는 사람과 원하는 하우스메이트 스타일을 구구절절 적어놓은 곳을 위주로 알아보라고 권하고 싶다. 예를 들면 이런 식이다.

'우리 집에는 아이리쉬 1명, 프랑스인 2명, 일본인 1명이 살고 있어. 거의 다 학생이라서 집에 있는 시간이 많은 편이야. 여러 가지 음식을 해 먹는 친구들이 모여 있어서 익숙하지 않은 음식 냄새에 큰 거부감이 없는 사람이면 좋을 것 같아. 우리는 흡연자가 2명 있으니까 담배 냄새에도 큰 거부감이 없었으면 좋겠어. 다들 파티를 좋아하지만 12시 이

후에는 친구를 집에 안 불러. 공과금은 2달에 한 번씩 인원 수대로 나
눠서 내.'

소개글만 봐도 하우스메이트들끼리 똘똘 뭉쳐 다니는 집인지, 아니면
정말 서로 거리를 지켜가면서 잠만 자는 집인지 알 수 있다. 에바네 집
은 위아더월드, 하우스메이트는 가족이고 하우스메이트들의 친구도
가족이라는 마인드의 집이라 항상 거실과 부엌에서 온종일 함께 지내
는 친구들이었다. 본인의 성향에 따라서 맞는 집을 선택하면 된다.

내가 좋아하는 영화 중 바르셀로나에 유학 간 프랑스인과 그 하우스메
이트들의 삶을 그린 〈스페니쉬 아파트먼트〉가 있다. 주인공 자비에가
집을 보러 다니면서 수많은 하우스메이트들과 면접을 보듯 식탁에 둘
러앉은 모습이 나온다. 물론 그 영화만큼은 아니더라도, 사실상 면접
이나 마찬가지일 만큼 내가 평가받는 자리라 생각해야 하는 건 맞다고
본다. 나도 방을 뺄 때쯤에 다른 친구들과 집을 보여주면서 느꼈지만,
유독 피곤해 보이고 부정적인 스타일인 사람은 조건이 우리와 맞더라
도 기피대상 1순위였다.

더블린에서 집 구하는 사이트를 한참 들여다보면 더블린 사람들이 선
호하는 하우스메이트가 어떤 사람인지 금방 알아챌 수 있다. 집을 홍
보하기 위해 이미 입주한 사람을 소개하는 데에 항상 빠지지 않는 두
수식어가 있으니, 바로 'laid-back'과 'easy-going'이다. 느긋하고 여유

로운 스타일, 글자 그대로 뒤로 느긋하게 기대 앉아, 뭐든 까탈스럽게 굴기보다는 쉽게 쉽게 가자는 주의인 스타일. 특히 동양인의 경우 알게 모르게 소극적이고 어울리기 힘들 것이라고 생각하는 아이리쉬들이 많기 때문에 이런 하우스메이트 이미지메이킹이 필요하다. 사실 집을 알아보러 온종일 돌아다니다 보면 스트레스도 많이 받고 피곤함에 쩔어서 웃음기 따위 진작에 사라진다. 하지만 일부러 쥐어짜서라도 밝은 모습으로 방문하길 권하고 싶다. 집을 구하러 다닐 때 유일한 합격 포인트는 '함께 살고 싶은 친구'이기 때문이다.

'좋은 남자를 만나려면 너부터 좋은 사람이 돼야 해.'라는 상투적인 말은 종종 우리를 아프게 배신한다. 하지만 적어도 함께 살 동거인을 구할 때만큼은 어느 정도 맞아떨어진다. 좋은 사람이 되려 노력하면서 좋은 가족을 얻는 일도 집 구하기가 주는 유용한 재산이다.

#8 집 구하기
미션 수행기

처음 간 집은 더블린 8지역 뉴 스트리트라는 대로변에 위치한 루카의 집이었다. 대로변에 있는데 집에서 번지수가 잘 안 보여서, 내 또래로 보이는 기사 청년이 대신 두세 번 통화를 하고 나서야 겨우 찾았다. 이층집이지만 작은 정원이 딸린 귀여운 집.

집 안도 하우스메이트들이 관리를 잘했는지 깔끔했다. 드라마에 나오는 4인가족이 사는 이층집 같은 분위기. 루카가 알려준 방을 보고 있는데, 방에서 부스스한 머리의 아이리쉬 남자애 한 명이 나왔다. 나이젤은 졸린 눈을 껌뻑이면서 악수를 하더니, 자기 방도 곧 내놓을 건데 원하면 보고 가라고 했다. 나이젤 방이 더 크길래 가격을 물었더니, 월세는 같다면서 영업도 잊지 않는다.

"우리 집에 아드리아나라는 애가 있는데, 걔가 지금 내 방을 완전 노리고 있어. 지금 잠깐 여행갔는데, 만약에 원하면 그냥 니가 먼저 찜하면 되는 거야."

유쾌한 하우스메이트에 예쁜 집! 몇 가지만 확인하고 여기로 해야겠다 싶어 마지막 체크포인트인 인터넷이 되는지를 물었는데 아니나 다를까 안 된단다. 인터넷이 안 깔려 있다니! 한국이라면 상상도 할 수 없는 일이고 사실 아일랜드에서도 흔하지는 않지만, 어쨌거나 인터넷이 없어서 각자 USB방식으로 일정 데이터를 구입해서 쓴단다. 하지만 하루에 한 번은 스카이프를 쓰고, 영화에 드라마에 오만 걸 다 다운받는 전형적인 한국인인 내겐 안 될 말이라 눈물을 머금고 패스! 루카는 나중에 몇 번이고 전화를 걸어서 인터넷 회사를 알아보려 한다고, 안 그래도 그것 때문에 하우스메이트가 더 안 구해지는 것 같다며 신경을 써줬지만, 왠지 인터넷 없이 잘 사는 애들을 무리하게 만드는 것 같아서 거절했다.

집 후보 2번, 코크 스트리트 다이앤네 집

두 번째 간 집은 코크 스트리트에 있었다. 코크 스트리트는 대로변이었지만, 길 자체가 워낙 긴데다 어둑어둑한 시간에 사람도 없어서 점점 무서워지는 바람에 도착하기도 전에 점수를 깎아먹었다. 저녁 8시 정도밖에 안 됐는데 벌써 이렇게 무섭다니! 동네 아주머니에게 물어서 이리저리 돌아다니고, 집주인 다이앤에게도 전화를 하고 나서야 겨우 도착했다. 7층짜리 새로 지은 오피스텔 건물이었다. 아일랜드 집 치고 드물게 디지털 도어락이 이중 삼중으로 있는 집. 호수를 누르고 호출을 했더니 현관을 열어줘서, 엘리베이터를 타고 6층으로 올라갔다. 초인종을 누르자 금발 아가씨가 엄청난 하이톤 목소리로 눈썹을 치켜올리며 '안녕!' 하는데, 순간 내 눈이 번쩍할 만큼 엄청난 미인이다. 일하고 바로 왔는지 정장 차림에 안경을 끼고 있었는데, 영화에 나오는 섹

시한 비서처럼, 모델 같은 몸매에 안경이 예쁘게 어울렸다. 호텔처럼 먼지 하나, 빈티지한 소품 하나 없이 깔끔하게 관리된 집이 딱 집주인 다이앤과 닮아 있었다. 더블린에는 높은 건물이 많지 않기 때문에 6층 집에서 보이는 야경도 예쁘다. 그런데 누가 사는 집이냐고 했더니 뜻밖의 대답이 돌아왔다.

"나랑 남자친구랑 같이 사는 집이고, 더블룸 큰 거 하나가 노는 게 아까워서 쉐어하려고 해. 우리 부모님 집이니까 오너랑 트러블은 별로 없을 거고, 주말에 나는 부모님이 계신 리머릭에서, 부모님 그리고 남자친구랑 시간을 다 보내는데다 주중에는 일하니까 거의 니가 쓴다고 봐도 될 거야. 친구 데려와도 상관없고, 주방에 있는 것들도 뭐든 마음대로 써도 돼, 어때?"

남자친구랑 같이 사는 집이라니. 커플 사이에 껴서는 밥도 안 먹는 내 성격에 커플이랑 같이 살라니! 안 그래도 혼자 와서 외로운 타지 생활에 닭살 커플의 염장질을 보며 셋이서 TV 틀어놓고 피자 시켜 먹는 상상을 하니 아무래도 그건 못 하겠다 싶은 생각이 들었다. 10분 정도 이야기를 하면서 느낀 다이앤은 참 상냥하고 수더분한 성격이었다. 남자친구와 셋이 살더라도 괜찮을지 모른다는 생각은 들었지만, 아무리 그래도 근본적인 소외감을 안고 집에 들어오게 될 듯한 예감은 어쩔 수가 없었다. 일단 다이앤에게 두 군데 더 보기로 한 집이 있으니 내일 연락을 주겠다고 설명한 뒤 집을 나왔다. 아깝다, 아까워. 각 집마다 치명적인 단점을 하나씩 안고 있으니 슬슬 지치기 시작했다.

후보 3번, 그랜섬 스트리트 구아나네 집

남쪽 번화가에 있고 바로 앞에 마트가 있다는 점에 끌려서 찾은 세 번째 후보 집. 번화가에서 바로 골목에 있는 집이지만 번지수만 가지고는 찾기가 어려워서 두리번거리는데, 마침 서 있는 곳 바로 앞에 어떤 아줌마가 쓰레기를 버리러 나왔다.

"아주머니, 여기 21번지 집이 어딘가요?"

"21? 이 바로 맞은편 아니면 왼쪽 끝일 것 같아. 만약 왼쪽 끝이라면 그 집은 절대 들어가 살지 말렴. 완전 최악이니까!"

뜻밖에 돌아온 대답에 왜 그러냐고 하니 거기까지는 말하기 곤란하다는 듯 고개를 절레절레 저으며 집으로 들어가버렸다.

불길한 예감은 항상 적중한다고, 정말 그 집이 맞았다. 집주인에게 도착했다고 전화를 했더니 대문 앞에서 기다리란다. 잠시 후 나이 지긋한 할아버지 한 분이 열쇠꾸러미를 주렁주렁 들고 나타나셨다. 첫 집처럼 그림 같은 단독 이층집은 아니고, 그야말로 여러 세대가 사는 플랫이었다. 이미 살고 있는 여자애가 한 명 있다더니, 문을 쾅쾅쾅 세게 두드리신다. 안에 있는 것 같다면서 나올 때까지 조금 험하게 문을 두드리자, 안에서 브라질 아가씨 한 명이 앓던 얼굴을 하고 나왔다.

"아저씨, 미안해요. 오늘 제가 몸이 안좋아서…. 네가 이 집 알아본 거니? 안녕! 난 구아나라고 해."

다행히 집 보러 온 사람을 알아보고는 반가운 표정으로 양볼에 쪽쪽 인사를 한다. 브라질 사람답게 참 낙천적이고 성격 좋아 보인다. 방으로 들어가니 넓은 거실과 부엌이 이어져 있고, 복층으로 큰 더블룸이 두 개 있는 귀여운 구조의 방이었다. 아기자기하고 집도 따뜻해서 마음에 들었다.

초면인데다 몸이 아픈데도 살갑게 설명해주는 구아나도 밝고 착해 보여 금방 친해질 수 있을 것 같았다. 하지만 룸메이트에 대한 호감만으로는 집주인 아저씨가 문을 열고 들어올 때의 그 신경질적인 노크와 앞집 아주머니 말을 상쇄할 수가 없었다. 이 집은 아닌 것 같다고, 마음속에서 먼저 문이 닫혔다.

후보 4번, 성 패트릭 성당 뒷편 카트린네 집

더블린 남쪽 성 패트릭 성당 가까이에 있는 방을 내놓은 두 사람에게 연락했다. 한 집은 딱 한 달 있을 사람을 찾는다는 프랑스인 알린, 한 집은 1년 있을 사람을 원하지만 기간은 조율해보자는 독일인 카트린. 양쪽 다 가겠다고 한 상태에서, 먼저 약속을 잡아준 카트린네로 향했다.

일단 위치가 마음에 들었다. 대로변에 있는 것도 좋았고, 성 패트릭 성당이 코앞! 시내까지도 걸어다닐 수 있었다. 가장 마음에 들었던 루카네 집과도 대로변을 끼고 마주 보는, 내가 마음에 든 구역에 있는 두 번째 집이었다. 길 이름까지 찾은 후에 전화를 걸었다.

"저 지금 길 입구까지 와 있는데, 여기서 어느 쪽에 있나요?"

"한국 사람인가요?"

"그런데요."

"(한국어) 저도 한국 사람이에요! 지금 나갈게요!"

한국말을 들은 게 얼마만인지! 집 소개에 적혀 있던 전화번호가 두 개였는데 하나가 한국 사람 것이었나 보다. 멀리서 '안녕하세요!' 하고 크게 외치는 동글동글한 한국인 여자애와 카트린으로 보이는 단발머리 독일 아가씨가 손을 흔들었다.

"여기는 부엌이고, 여기는 거실이고…. 니가 본 방은 2층에 있어!"

정신없이 떠들고 쿵쾅대며 카펫이 깔린 계단 위를 올라가는 두 사람. 이 집에서 내놓은 방은 싱글룸이라서 그런지 350유로, 전에 보던 더블룸보다 싼 가격이었다. 와이파이도 무제한으로 사용 가능한 집이니 인터넷 걱정도 없었다. 특히 이 집 한국인 아가씨 은영이와 독일인 카트린의 폭풍 친화력이 마음에 들었다. 어차피 나는 어학연수 하러 온 게 아니니 굳이 한국인을 피하고 싶은 마음도 없고 말이다.

"나 이 집 마음에 들고, 너희도 마음에 들어. 괜찮다면 여기서 살고 싶은데, 언제쯤 연락받을 수 있니?"
"집주인은 사실 6개월은 살 사람을 원해. 집주인에게 메일을 보내봐야겠지만 아마 괜찮다고 할 거야. 일단 우린 좋아, 그렇지?"
마주 보고 고개를 끄덕이는 카트린과 은영이.

얼마 후 집주인에게 오케이를 받았으니 입주해도 좋다는 연락이 왔다.
"고마워! 사실 이 동네에 한 달짜리 방 내놓은 사람이 있길래 오늘 거기 가볼 참이었는데, 그냥 너희 집으로 정하면 되겠다!"
"혹시 그 사람 프랑스 애 아니야? 우리 집에 사는 애 같은데…. 자주는 안 들어오는데, 걔가 어디 여행가면서 한 달 동안 방을 내놓겠다고 했었거든."
이름과 전화번호를 대조해보니 맙소사, 정말 하우스메이트가 맞았다.
이것도 인연이니 반갑게 생각해야지 싶어 일단 그 프랑스 친구에게도 문자를 보냈다. 그랬더니 예상치 못했던 대답이 되돌아왔다.
'내 방을 보러 온다고 하다가 우리 집 다른 방으로 들어가 산다니, 그것 참 이상한 일이네. 안 그래?'
뾰족해 보이는 대답이라 잠시 당황했다. 아마 한 달짜리 세입자 구하는 데에 난항을 겪었으니 조금 예민해진 모양이었다. 하지만 나는 집을 보러 가기로 했던 사람일 뿐이지 구체적인 방문 약속도 없었는데….

'3개월짜리 집이 구해지지 않으면 한 달짜리 방이라도 먼저 있다가 다른 곳으로 옮길 생각으로 알아봤던 건데, 2층 방에 3개월 동안 입주할 수 있게 돼서 사정이 그렇게 됐어. 이해해줬으면 좋겠다.'
내 나름대로 꾹꾹 눌러 잘 설명하고 에바네 집으로 돌아갔다.

집에 들어가니 역시나, 주방 거실 할 것 없이 오늘도 사람들이 꽉꽉 들어찼다. 익숙하게 한 명씩 인사를 하고 에바를 찾아 기쁜 소식부터 전했다. 그랬더니 에바는 집을 못 구하면 이 집에서 계속 함께할 수 있을 거라고 내심 기대도 했었다며, 그래도 원하는 집을 찾았다니 기쁘다면서 축하해줬다. 그러자 함께 있던 친구들 모두 입을 모아 코크에 함께 가자고 부추기기 시작했다. 친구들은 에바 남자친구 마띠야스가 사는 코크에 가서 3일 정도 있다가 오기로 했었다. 나는 집을 구해야 하니 안 된다고 거절했는데, 어차피 집도 구했고 입주하기로 한 날도 3일이나 남은 데다 마침 차에 한 자리가 남는다면서 분위기를 조성했다. 왜 이렇게 업돼 있나 했더니, 운전할 히자스를 제외하곤 이미 부엌에 진열됐던 온갖 술을 한 잔씩 걸치셨다. 다들 빨리 가서 3일치 짐을 싸 오라고 등을 떠밀었다.

어차피 지금까지 뭐든 즉흥적이지 않았던 게 있었던가. 등 떠미는 친구들 때문에 못이기는 척 신나서 짐을 쌌다. 이런 때가 아니면 언제 또 코크를 가보겠어!

막 출발하려는데, 은영이에게 연락이 왔다. 프랑스 하우스메이트 알린이 결국 트집을 잡기 시작했단다. 나 이전에 보고 간 다른 애가 마음에 든다면서, 내가 들어오는 건 원하지 않는다고 화를 내기 시작했다는 거다. 카트린과 은영이는 이미 날 들어오라고 한 상태이니 바꿀 수 없다고 하는데도 계속 짜증을 내고 있다고 했다. 어떻게든 설득을 해서 정리하면 마무리될 일인데, 혹시 잘못될지 몰라 미리 알려준다고 연락이 왔다. 알고 보니 알린은 원래 이 집 트러블메이커고, 워낙 비협조적이라 세입자 구하는 것도 카트린과 은영이 둘이서 했건만 이제 와서 갑자기 훈수를 놓는 바람에 은영이도 짜증이 날 대로 난 상태였다.

일단 전화를 끊고, 보드카를 마시고 있는 에바 일행에게 가서 한 잔 받아 마시고는 상황을 설명했다. 에바는 어딜 가나 이상한 애들은 있기 마련이라며, 나머지 하우스메이트가 마음에 들면 신경쓰지 말라고 얼른 편을 들어줬다.

잠시 후 다시 연락이 와서, 내가 들어가는 것으로 상황은 잘 정리됐다고 연락이 왔다. 시작이 조금 어색해지긴 했지만, 어쨌든 살 집은 확실히 구한 셈이었다. 집 구하는 게 그렇게 힘들다는데, 일주일도 안 돼서 구했으면 나름 선방이라며 함께 축배를 들었다. 점점 추위가 잊혀질 만큼 기분 좋게 취할 즈음, 히자스의 차를 타고 코크로 출발했다.

코크에 도착하자마자 히자스는 운전하느라 못 먹은 술을 보충하겠다는 기세로 병나발로 보드카를 마셨고, 다 함께 펍으로 들어가 신나게 떠들면서 놀았다. 그사이 문제의 알린으로부터 문자가 왔다.

'니 방에 베개가 세 개 있을 거야. 그거 다 내 거거든? 집에 오면 나한테 그것부터 돌려줘.'

아, 거기서 참았던 인내심이 폭발했다.

매사 좋게 좋게를 되뇌이며 돌아가던 심리적인 엔진이 거기서 멈췄다.

일단, 남의 방에 베개는 왜 넣어놓은 건지도 모르겠고, 만약 그 전에 살던 친구가 놓고 간 베개를 자기가 차지하고 싶은 거라면 진작에 챙겨뒀어야지 왜 입주도 안 한 나에게 가져오라는 건지 알 수가 없었다. 특히나 이런 얘기는 서로 통성명이라도 하고 얼굴 보고 해도 될 텐데 굳이 문자로, 자정이 다 되어가는 시간에….

일단 알겠다고 문자를 보내놓고 화를 어떻게든 가라앉히려 심호흡을 하는 사이, 이상한 낌새를 눈치챈 친구들이 다가왔다. 코크에서 합류한 프랑스인 제롬이 이야기를 듣고는 고개를 절레절레 저으며 말했다.

"있잖아, 내가 프랑스인이라서 아는데, 프랑스 애들 중에 정말 유독 심하게 못된 년들이 있어. 좋게 얘기하면 못 알아먹거든. 그런 애들은 정

CATALAN
CULTURAL
FESTIVAL
12TH & 13TH OF MARCH 2011
DUBLIN, IRELAND
SAMSUNG

말 싸워야 돼."

"그런가 봐. 원 플러스 원(buy 1 get 1 free)으로 좋은 집과 함께 진상 하우스메이트를 얻었어. 원 새집 플러스 원 진상!"

사실 농담할 기분은 아니었지만, 그렇게 농담을 하고 나니 훨씬 쉬운 상황처럼 느껴져 기분이 한결 나아졌다.

코크에서 3일을 보내고 돌아오는 길에, 에바 집에 있던 내 짐을 히자스 차에 싣고 다 함께 새집 앞으로 갔다. 이사벨이 우리 집 앞에 차가 서자마자 물었다.

"자, 이제 니 프랑스 절친 만날 준비됐니?"

"응, 프렌치 키스를 해줄 거야 진짜."

"그렇지! 신경쓰지 말고 무시해버려. 또 무슨 일 있으면 우리한테 연락해!"

집에 아직 이불이랑 아무것도 없다던데, 죽어도 알린이 말한 베개는 빌리고 싶지 않아서 에바에게 빌린 오리털 침낭과 함께 집으로 들어갔다.

11시가 넘은 늦은 밤에 도착해서 집은 컴컴하게 불이 꺼져 있었다. 다행이 받아놓은 열쇠가 있어서 조용히 따고 들어갔다. 아직은 낯선 방을 살금살금 숨죽이고 들어가려니 괜히 기분이 가라앉았다. 어둠 속에서 벽을 겨우 더듬어 침대 머리맡 스탠드를 켰는데, 하필 문제의 베개

세 개가 떡하니 침대 한가운데에 놓여져 있었다.

심호흡을 하고 세수하러 욕실로 가는데, 막 집에 들어오던 알린과 마주쳤다. 세 명의 하우스메이트 중 유일하게 얼굴을 못 봤던 터라 금방 알아챘다. 심지어 그 신경질적인 인상이라니. 어둠 속에서 갑자기 얼굴을 마주치고 서로가 당황해서 '헉!' 하고 그 자리에 멈춰 섰다. 여기서 그저 웃으면서 통성명이라도 했으면 좋았으련만, 방에 틀어박혀서 짐정리하는 내내 베개만 눈에 들어와서 신경이 예민했던 나는 인사와 함께 베개를 지금 가져가겠냐고 물었다. 당장 그렇게 해 달라기에 얼른 가져와서 베개를 안겼다.

씻고 방으로 들어와서 빈 침대에 오리털 침낭을 폈다. 내일 일어나면 이불 그리고 지긋지긋한 베개도 사야지. 아무것도 빚지지 않고, 어쨌든 다 털고 시작하게 됐으니 잘됐다. 이제 나는 아일랜드에 주소지가 있는 여자야! 하고 애써 흐뭇해하며 눈을 감았다. 이제 진짜 아일랜드 생활 시작이다. 마지막 베개 세 개에 찝찝했던 기분은 청산한 셈 치고 텅 빈 방 벽을 좋은 기억들로 도배해야지. 더블린 내 집에서의 1일, 시작!

더블린의 독특한 점은 전체 시내를 숫자로 나눠놓았다는 건데, 보통
짝수는 강남, 홀수는 강북이라고 생각하면 된다.
집을 구할 때도 이 번호를 잘 알아두고 지역으로 필터링해서 찾는 것
이 가장 편하다.

1. 시끄럽고 북적대도 나는 무조건 시내 중심이 좋다면 더블린 1!

1지역은 그야말로 더블린의 중심이다. 오코넬 스트리트, 더블린의 상징 스파이어가 있는 지역이기도 하고 더불어 백화점부터 우체국, 통신사 대리점, 각종 브랜드샵, 마트에 이르기까지 없는 게 없는 지역. 반대로 유동인구가 워낙 많은 지역이기 때문에 조용한 곳을 선호하는 사람에게는 기피지역이기도 하다. 1지역 북부는 아랍계 주민들이 많이 거주하는 우범지역으로도 거론되는데, 동양인 여자가 혼자 살기에는 조금 위험할 수도 있으니 이 부분도 염두에 두고 집을 고르는 것이 좋다.

2. 맥주·파티 마니아! 심야에 택시 타고 집에 오기 싫다면 더블린 2!

내가 가장 좋아하는 지역, 더블린 2! 트리니티 대학이 있기 때문에 대학가 특유의 젊은 분위기도 있고, 또한 세계에서 가장 유명한 펍 '템플바'를 중심으로 더블린의 유명 펍이 밀집해 있기 때문에 항상 관광객으로 붐빈다. 펍이 모여 있는 지역이라고 해서 무조건 위험하지는 않다. 더블린 펍 입구에는 가드가 상주하고 있어서 만취했거나 행패를 부리는 사람들을 매의 눈으로 주시하고 있고, 나이 지긋한 관광객도 많이 있기 때문에 비교적 안전한 분위기다. 더블린의 버스커들이 모여드는 그래프톤 스트리트도 2지역에 있다. 만약 집 나서자마자 바로 음악 듣고 춤추고 싶은 파티 마니아라면 2지역을 추천!

3. 시티센터에서 가까우면서 안전한 주택가를 원한다면? 더블린 8!

내가 살았던 지역이다. 2지역에서 조금만 이동하면 8지역인데, 조금 만 시내에서 걸어 내려오면 주택가여서 비교적 안전하고 템플바나 오 코넬 스트리트, 그래프톤 스트리트, 스티븐스 그린(공원), 성 패트릭 성당을 모두 걸어서 갈 수 있는 지역이기도 하다.

4. 더블린에서 홈스테이를 하고 싶거나 가격 대비 좋은 방을 원한다면? 더블린 4, 6, 6w

리피 강 이남 안전한 지역이면서 4인가족이 많이 사는 이층집이 많다. 홈스테이도 완전 시내보다는 조금 떨어진 이쪽 지역이 더 많다. 버스 로 왕복하는 불편함이 있더라도 조용한 주택가를 원한다면 추천!

#9 응답하라,
랜드로드!

'이안, 오랜만에 메일을 보내네요. 긴급사태가 발생했어요. 냉장고 문
짝이 떨어져서요!'

이게 왠 날벼락일까. 물을 한 잔 마시려고 냉장고 문을 여는 순간, 냉장
고 문짝이 바닥으로 떨어지면서 문짝에 있던 양념병이 산산조각났다.
너무 황당해서 바닥만 멍하니 보고 2초간 멈춰 있었던 것 같다. 떨어진
문짝 연결 부분에 덕지덕지 칠해진 청테이프가 눈에 들어왔다. 아마
언젠가 문짝이 분리된 적이 있는데 청테이프로 간신히 연결해놓았던
게 하필 내가 손대자마자 떨어진 것이었다.
아일랜드 쉐어하우스의 가전제품은 대부분 집주인이 사서 넣은 것이
기 때문에 이런 비상사태가 생겼을 때도 무조건 집주인에게 연락을 해
야 한다. 이사오자마자 집세를 입금하고서 메일로 인사라도 잘해둔 게
다행이었다. 깨진 병을 수습하고 조립 수준으로 냉장고 문짝을 맞춰
닫은 뒤, 당장 2층 내 방으로 올라가 이메일을 썼다.
'이안, 긴급사태가 발생했어요. 냉장고 문짝이 떨어졌어요! 사실 집을
볼 때부터 냉장고 한쪽에 테이프가 덕지덕지 붙어 있었던 건 알고 있
었지만, 이렇게 빨리 고장날 줄 몰랐어요. 냉장고가 제 역할을 못 하니
기본적인 생활이 안 될 것 같아서 걱정이에요. 어떻게든 손을 써야 할
것 같은데 도와줄 수 있겠어요?'

더블린에서 떨어진 골웨이에 사는 집주인 이안에게 당장 달려와달라고 하기는 어려워서, 일단은 주문을 하든 수리기사를 보내든 간접적으로라도 도와줬으면 하는 마음으로 메일을 보냈는데, 다음 날 이안이 짠 하고 나타났다.

자고 있어서 전화도 못 받고 문 두드리는 소리도 못 듣다가, 이안이 10분째 애타게 현관문을 두드릴 즈음 그제야 잠이 깨서 얼른 문을 열었다.

"누구세요?"

"나야 이안, 집주인!"

"어머나! 안녕하세요, 들어오세요!"

함께 사는 하우스메이트들은 6개월을 있었어도 한 번도 집주인을 못 봤다는데, 나는 대형 사고 하나 치는 바람에 입주한 지 얼마 되지 않아 금방 만났다. 집 열쇠도 있었을 텐데 왜 밖에서 춥게 기다렸냐고 했더니, 이안에겐 집 열쇠가 없단다.

"이 집에 사는 건 너희지 내가 아닌데, 내가 집 열쇠를 가지고 있으면 이상하잖아. 문을 열어달라고 하면 되지."

말도 참 예쁘게 하는 개념남 이안! 살림을 터치하기 싫어서 잘 와보지도 않는다더니 냉장고 SOS에 단박에 달려와줬다.

얼른 들어오라고 말하고 나니 그제야 집안 꼴이 눈에 보였다. 집주인인데 집을 깨끗하게 안 쓴다고 뭐라고 하면 어떡하나 하는 걱정이 뒤늦게 들었지만, 순둥이 집주인 이안은 냉장고만 새걸로 사 넣으면 되겠다며 여자 넷의 너저분한 살림살이를 쿨하게 넘어가줬다.
이안이 꼼꼼하게 냉장고가 들어갈 공간을 줄자로 재고 돌아간 다음, 금방 인터넷으로 주문한 냉장고가 들어왔다.

쉐어하우스에 유일하게 눈에 보이도록 선을 그어놓는 공간이 있다면 바로 냉장고다. 우리 집도 네 명이 살고 있기 때문에 냉장고 칸마다 자기 공간이 정해져 있었는데, 이게 항상 장보기의 걸림돌이다. 할인하는 과일팩이 있어도 이게 내 칸에 들어가는 높이인지 고민해야 하고, 저녁쯤 고기 땡처리 세일을 해서 뭐가 쟁여놓고 싶어도 냉동실 칸이 남아 있는지를 고민하느라 머리를 싸매야 했다. 가끔 내 칸에 남의 요거트라도 하나 있으면 괜시리 예민해지기도 하고, 반대로 내가 장봐온 물건이 너무 많아서 잠깐이라도 남의 칸을 침범해야 하면 일단 넣어놓고 종일 눈치가 보여서, 얼른 다음 날 아침 뭐라도 먹어치워서 공간을 만들곤 했다.
하루는 냉동실에 너무 공간이 없어서 긴급 하우스메이트 냉동실 회의가 소집됐다. 서로 만날 때마다 냉동실 공간이 너무 없으니 안 먹는 건 좀 버리자고 했는데, 이전에 살던 사람들이 놓고 간 것도 있다 보니 좀처럼 음식물이 줄어들지 않았다. 결국 다 함께 냉동실 앞에서 만났다. 이른바 냉동실 위원회! "자 다음은 이 냉동 새우, 누구 거야?" 하고 물어서 "내 거." 하면 다시 들어가고, 아무도 주인이 나서지 않으면 전에 살던 친구가 넣어놓고 잊은 것으로 간주하고 쿨하게 쓰레기봉투로 직행. 이런 방식으로 냉동실 절반은 비우고, 앞으로도 버릴 건 때맞춰 잘 버리면서 살자고 다짐하며 훈훈하게 해산했다.

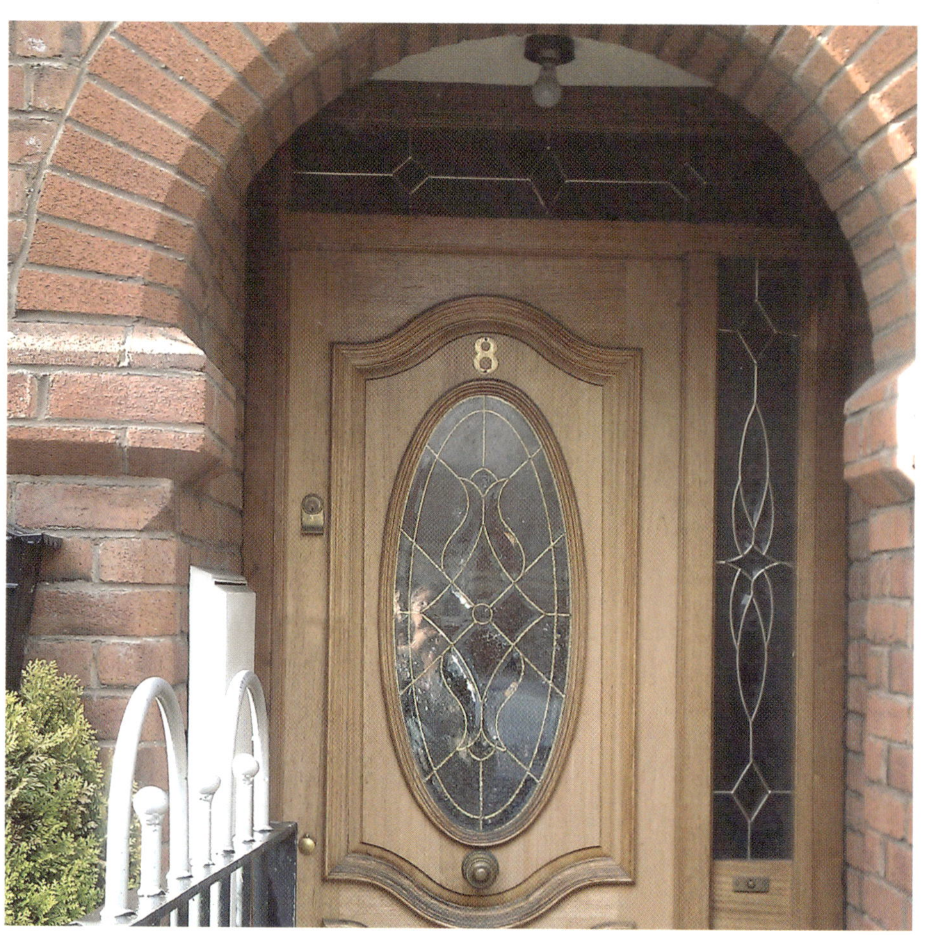

#10 못된 하우스메이트와의
폭풍 파이트

앞서 언급했듯 우리 집에는 트러블메이커 알린이 있다. 추정 나이 37세, 국적 프랑스, 불어와 영어, 이탈리아어, 스페인어를 자유자재로 구사하며 아일랜드에서 직장을 잡고 일하는 사람이었다.

그녀와 나와의 역사는 처음 집을 구하던 시절부터 순탄치 않을 듯 보였으나, 막상 들어오고 나니 부딪치는 일은 많이 없었다. 그리고 윗방 사는 또 다른 한국인 동생 은영이와도 부딪칠 일이 그다지 없었다. 한국 사람들끼리 살면 오히려 외국인들과 살 때보다 더 박 터지게 싸우는 경우가 있다고들 하는데, 아마 문화가 비슷하니 기대하는 바가 많아서 그런 듯하다.

밉상녀 알린은 오히려 프랑스인인 자신과 공통점이 별로 없다고 생각해선지 직접 우리를 건드리는 일은 잘 없었다. 그러나 같은 유럽인과는 이 집에 있었던 하우스메이트들 모두와 한 번쯤은 싸웠다고 하는데, 그게 내 방에 살던 이전 세입자 폴란드 아가씨와 내 옆방에 사는 독일인 카트린이었다. 싸워봤자 뭐 얼마나 싸우겠어 했으나 은영이의 증언은 달랐다.

"언니, 장난 아니었다니까. 쌍뻑큐를 양손으로 이렇게 하면서 'Fuck you!' 하고 소리를 지르고 싸웠어."

알린은 이 집의 무법자였다. 물론 처음부터 예상치 못한 건 아니었지만 함께 살아보니 그 이상이었다. 공용 세탁기에는 알린의 빨래가 한

번 들어가면 일주일은 나올 줄 몰랐고, 빨래를 넌 지 몇 주가 지나 화석이 될 지경이 되어도 절대 건조대를 비워주는 법이 없었다. 냉동실과 탁자 위에 늘어놓은 수많은 양념들은 거의 그녀 물건이었고, 그걸 우르르 늘어놓고는 위치가 조금 바뀌기라도 하면 누가 내 물건을 건드렸냐며 여기저기 범인을 찾으러 방문을 노크하고 다녔다. 냄비 태워먹고 입 싹 닦고 설거지통에 방치하는 건 기본, 본인 가구나 캐리어를 남의 방 앞에 방치하는 건 옵션이었다. 쿵쿵거리면서 움직이는 것도 최고, 샤워하는 시간도 최장. 그야말로 무엇 하나 빠지는 것 없는 풀패키지 진상 하우스메이트였던 셈이다.

언젠가 카트린이 하우스메이트들의 방을 일일이 찾아다니면서 시험기간 예고를 했다.
"다음 주에 중요한 시험이 있어. 그래서 집에서 공부하는 시간이 많을 것 같으니 잘 부탁해."
우리 모두는 그러마 하고, 집에서 파티 같은 걸 벌일 일도 없지만 TV 볼 때나 돌아다닐 때도 전보다 더 신경쓸 테니 걱정 말고 열심히 공부하라고 파이팅을 외쳐줬다.
그런데 카트린과 이미 전적이 화려한 알린이 문제였다. 하필 카트린이 중요한 시험이 있다고 미리 부탁까지 한 어느 날 새벽에 가구 배치를 바꾸고, 쿵쿵거리며 캐리어를 이리 옮기고 저리 옮겼다. 대각선 아래 층에 위치한 내 방에서도 생생히 들려서 자다 깰 정도였으니, 안 그래도 예민한 카트린이 열받은 건 말할 것도 없었다.

알린 너무 시끄럽네 하면서 휴대전화로 시간을 확인했을 때가 새벽 3시. 소음이 20분 이상 지속돼자 내 옆방인 카트린 방 문이 열리는 소리가 들렸다. 오오, 싸운다 싸운다! 외풍 드는 내 방에서 이불을 돌돌 만 채, 어둠 속에서 싸움구경 할 생각에 잠이 다 달아났다. 계단을 올라가는 발소리가 들리고, 알린이 문을 여는 소리가 들렸다. 웅성대는 대화가 무난하게 오가고, 마지막에 땡큐 땡큐 하는 말이 들리는 걸 보면 서로 원만하게 이야기를 한 것 같았다. 카트린이 내려오는 소리가 들리고, 방문이 닫혔다.

5분쯤 지났을까? 또 쿵쾅대는 소리가 들린다. 다시 숨을 죽이고 긴장한 지 5분이 지났을 즈음, 카트린이 알린의 가구 소리에 맞먹게 쿵쾅대며 올라가는 소리가 들렸다. 분노 게이지가 제대로 찼구나. 소곤소곤해서 잘 안 들리던 아까와 달리, 이번에는 선명하게 들렸다.

"지금 몇 시인 줄 아니? 짐을 싸려면 낮에 쌌어야지."

"다 돼간다고 했잖아. 나는 낮에 일을 하니까 어쩔 수가 없다니까."

"그럼 저녁에 쌌어야지. 지금 새벽 3시잖아. 너도 알다시피 내가 이번 주에 시험이 있고….

“너한테 시험이 있거나 말거나 나는 짐을 싸야 해.”
“너 집에 초저녁에 들어왔잖아. 왜 하필 지금이야? 내일 아침에 해!”
뭐라도 도와줘야겠다 싶어서 방문을 열고 나갔다. 알린과 카트린이 있는 3층으로 올라가서 자다 일어난 표정으로 말했다.
“알린, 미안한데 잠을 잘 수가 없어. 3층 가구 끄는 소리가 울려서 자다가 깼어.”
카트린 얼굴을 보니 다크써클이 턱끝까지 내려와 있었다. 알린은 그제야 알았다면서 신경질적으로 방문을 닫았다. 카트린은 커피를 타러 주방으로 내려갔다. 알린과 카트린의(적어도 내가 본 이래로 있었던) 1차전은 이렇게 흐지부지 막을 내렸다.

그러던 어느 날, 카트린 남자친구가 독일에서 건너와 2주 동안 지내고 돌아간 후 일이 터졌다. 알린이 본인이 여기저기 어질러놓고 물건을 찾지 못하자 카트린 방문을 두드리기 시작한 것이다.
“나 다리미가 없어졌어.”
“난 모르는데. 다리미 쓰지도 않아.”
“그럼 네 남자친구가 건드렸나 보네. 갑자기 다리미가 없어졌는데 그 사이에 왔다 간 사람은 네 남자친구밖에 없으니 말야.”
거기서 시한폭탄이 드디어 폭발했다. 체구도 작고 나이도 알린과 띠동

갑 차이가 나는 어린 대학생이지만 이 친구들에게 그런 건 중요하지도 않을 뿐더러 누가 봐도 분노하고도 남을 상황이었다. 결국 둘은 또 고래고래 소리를 지르면서 싸웠다.

후에 카트린이 내게 설명하기를, 이때 '다시는 이 여자와 말을 섞지 않으리라' 다짐했다고 한다. 카트린이 독일로 돌아가게 되면서 쉐어하우스를 가장 먼저 나가게 됐고, 나와 은영이에게는 작은 선물과 함께 그동안 고마웠다며 한참 이야기를 나눴는데, 알린에게는 작별인사조차 받지 않았다. 나중에는 함께 귀국하려고 들어와 있었던 카트린 남자친구까지 합세해서 이왕 이렇게 된거 인사 잘하고 가면 어디가 덧나냐고 했지만 카트린은 끝까지 알린과 할 얘기는 한마디도 없다면서 방문을 열어주지 않았다. 결국 알린은 매몰차게 차인 여자처럼 방문 앞에서 노크만 수백 번 하고 발길을 돌렸다. '나도 나지만 너도 참 너다'라는 말이 절로 생각나는 장면이었다.

처음 알린이 한 달간 방을 내놓으려고 했던 건 코스타리카 출장 때문이었는데, 결국 그 기간 동안 아일랜드 아가씨 레베카에게 한 달간 방을 쓰게 해주기로 하고 떠났다. 그중 며칠은 나도 축구를 보러 맨체스터로 떠나는 바람에 집에 없었는데, 그사이 레베카는 '프랑스에 알린이 있다면 아일랜드에는 레베카가 있다'는 걸 보여주기라도 하겠다는 듯

www.dublinsightseeing.ie
Ireland
re's nothing
like a
DUBLIN

집 전체를 발칵 뒤집어놓고 갔다.

주방과 거실에 있는 것들을 모조리 다 치우더니, 친구들을 불러서 제대로 파티를 벌였다. 밤 늦게까지 술 마시고 소리지르고 심지어 만취 상태에서 남자친구와 통화하며 울고, 당시 집에 있었던 마음 여린 은영이는 나가지도 못하고 저러다 해산하겠지 하면서 방을 지켰단다. 그러나 유럽 친구들이 하는 대부분의 홈파티가 그렇듯 레베카의 파티도 아침 10시까지 이어졌다. 결국 친구들은 술판에서 그치지 않고 열댓 명이 돌아가며 다음 날 아침 화장실에서 변 중에 가장 독하다는 술 먹은 다음 날 변까지 줄줄이 해결하고 가는 바람에 은영이는 다음 날까지 기겁한 채로 하루를 보냈다.

얼마 후 알린이 돌아왔고, 역시나 기다렸다는 듯 이 방 저 방 노크를 하고 다녔다. 내 물건 어디 갔냐, 내 양념통 왜 위치가 바뀌어 있냐고 오만 상을 하고 따지기 시작했다. 그리고 이번엔 내 방도 지나치지 않았다.

"네가 집에 들인 레베카가 싹 치웠던데? 레베카한테 물어보지 그러니?"

그러자 알린은 한숨을 내쉬더니 얼른 화제를 돌렸다.

"집이 왜 이렇게 더러워? 치워야 할 것 같은데 한 달 동안 나는 없었으니 아무것도 손대지 않을 생각이야."

사실 이 집에는 청소 당번이 있었다. 그러나 알린이 여러 번 약속을 어기면서 청소 당번을 돌던 싸이클이 무너졌고, 결국 각자 알아서 본인이 사용한 공간은 정리하는 식으로 바뀌었다. 그러다 보니 평소 부엌 정리를 제대로 안 하는 알린의 흔적은 항상 곳곳에서 발견됐는데, 오랜만에 집에 돌아오더니 갑자기 청소 이야기로 집안을 뒤집기 시작한 것이다. 당연히 함께 사는 집이니 자기가 쓴 건 잘 치워야 하는 게 당연하다는 판에 박힌 말로 서로 대충 이야기를 마무리했다.

일주일쯤 지났을까, 다시 그녀가 내 방 문을 두드렸다. 그러더니 대뜸 내게 홍분한 말투로 이것저것 쏴대기 시작했다.

"난 너희가 치울거라고 믿으면서 기다렸는데 누구 하나 시작을 안하는구나. 카트린은 이제 나랑 말도 안 하고, 은영이한테 말했는데 딱히 할 마음이 없어 보이네. 너는 둘 다 친하니까 니가 좀 어떻게 말해봐."

여기저기 부딪치고 다니면서 하우스메이트들 인심을 잃은 건 넌데, 그걸 왜 나한테 수습하라고 명령하는 건지 원….

순간 내 단짝 올리비아가 해준 말이 떠올랐다. 올리비아는 아버지가 프랑스인, 엄마는 일본인이고 프랑스에서 나고 자란 친구였는데 매번 나에게 이런 말을 했다.

"유럽 쉐어하우스에 살게 되면, 똑부러지게 할 말은 다 해야 해. 특히 네가 말한 그 진상 프랑스 하우스메이트 있지? 내가 프랑스인이니까 아는데 쌍년 중에 최고 쌍년은 프랑스 쌍년이다 너. 걔네들 못되게 굴

때 무조건 둥글둥글하게만 넘어가면 더 우습게 알아. 특히 너나 나처럼 동양인처럼 생긴 애들이 한번 그런 거 눈감아주면 더 막 나가는, 그런 못돼먹은 애들이 어딜 가나 있어."

웬만하면 좋게 넘어가려고 했는데, 알린이 던진 말들 중 그 어느 것도 받아들여줄 수 있는 게 없었다. 결국 나까지 알린과 대치하는 상황이 벌어졌다.

"물건 배치를 다 바꾼건 레베카가 한 일이고 너도 그걸 납득하는데, 그걸 왜 나머지 세 명이 책임져야 한다는 거야?"

"물건 배치는 그렇다 치자. 뒷마당에 쌓인 재활용쓰레기도 안 치웠잖아. 지금 산더민데 저게 한 달 안에 만들어졌다는 거야? 레베카가 다 했다는 거고?"

"그래, 레베카가 다 한 게 아니겠지. 내가 집에 이사 왔을 때도 저런 상태는 있었으니까. 근데 네 말대로 한 달 사이에 이루어진 일이 아닌 걸 너도 알고 있다면 우리 셋이서 저걸 다 치워야 한다는 네 말도 이상한 거잖아. 한 달 전에는 니가 살고 있었고, 너도 당연히 책임이 있는 거잖아."

"지금 저것만이 문제가 아니야. 너 거실 못 봤니? 완전 쓰레기장이라고. 부엌 바닥은 또 어떻고. 거실에는 감자튀김 한 조각이 떨어져 있었어. 내가 은영이한테 감자튀김 떨어져 있다고 했더니, 걔는 그거 하나 딱 집어서 치우더라. 거실 바닥을 청소해야지!"

“감자튀김만 은영이가 떨어트린 거였나 보지. 그리고 일단 그건 나한테 할 말이 아닌 것 같애. 내가 은영이 엄마도 아닌데 다 큰 성인끼리 직접 말해야지, 나한테 말한다고 뭐가 달라지겠어? 그리고 니가 원한 게 감자튀김 치우는 게 아니라 바닥청소였다면 그렇게 말을 했어야 하는 거 아니야?”

“말이 안 통하는 애들이니까 그렇지. 니들 집에서 하는 일이 뭐야?”

아, 이 대목에서 뭐가 욱하고 올라오더니 터졌다. 이 집 트러블메이커가 누군데, 그 트러블메이커가 매번 늘어놓는 살림살이를 참아주는 건 또 누군데 날리는 대사하고는.

“네가 열 받았다는 건 봐서 알겠어. 근데 그렇다고 지금 한 말은 네가 할 말은 아닌 것 같다. 저 거대한 화장실 쓰레기통은 네가 단 한 번도 비우질 않는데 어떻게 매주 깨끗해지는지 생각 안 해봤어? 네가 설거지통에 넣어놓은 태워먹은 냄비는 무슨 요정이 와서 박박 닦고 선반에 올려놓았을 것 같아?”

“됐어. 어쨌든, 너희들끼리 청소를 시작한다면 도와줄 용의는 있지만 내가 청소를 나서서 할 수는 없어. 나만 청소하기 지긋지긋해.”

그 말을 마지막으로, 그녀는 내 대답도 제대로 듣지 않고 방으로 쿵쾅쿵쾅 올라가버렸다.

철이 덜 들었다고 하기엔 적지도 않은 나이 서른일곱, 돈도 벌 만큼 버는 아가씨가 쉐어하우스에서 살 거면, 주변 사람이랑 어울리면서 사는 걸 좋아하기라도 해야 하는 것 아닌가. 근 2년을 이 집의 무법자로 살아왔다던데 그 와중에 한 달을 자기 같은 무법자를 들여서 더 집안을 혼돈으로 몰아넣고선 갑자기 적어도 일 년은 넘게 쌓였을 집안의 모든 문제에 대해 들고일어나다니…. 결국 나와 은영이는 딱 우리 몫만큼을 정리해놓고 그 이상의 무리한 요구는 아무것도 들어주지 않았다.

외국인 하우스메이트와 살면서 느끼는 것은, 할 말은 해야 하고 요구할 건 요구해야 한다는 것이다. 참을 인 세 개면 호구가 되고, 호의를 반복하면 권리로 안다는 말은 특히 외국 친구들과의 쉐어하우스 생활에서는 거의 바이블에 가까운 절대 진리다. 물론 나도 일일이 따져 묻기 귀찮아서 부당해도 그냥 이것저것 해주기도 하고, 일일이 말하기 째째해서 생활용품 같은 걸 내 사비 털어서 사 넣은 적도 많이 있었다. 하지만 적어도 민감한 대화가 오갈 때 부딪치기 싫어서 "응 그래 그러네." 했다가는 나중에 "네가 그때 그렇다고 했잖아." 하는 말로 덤터기 쓰는 수가 있다. 나도 처음에는 그런 식으로 대답하고 말았다가 일이 점점 커져서 어느 순간 제대로 선을 그었더니 그다음부터는 서로 스트레스가 덜했다. 이 친구들은 No라고 생각하는 순간 No라고 말하기 때문에, 우리가 No라고 생각하면서 Yes라고 말하며 해주는 배려를 잘 눈

치채지 못한다. 매번 인간미 없게 마음 내키는 대로 말하는 것도 정답
은 아니지만, Yes라고 억지로 말해주고 실제로 행동에 옮기는 게 스트
레스가 될 상황이라면 더는 눈감지 말고 No라고 말하는 것이 정신건강
은 물론 좋은 관계에도 도움이 된다.

가끔은 집에 남자가 안 살아서 괜히 서로 까칠한 분위기가 해결이 안
되었나 싶기도 하다. 여기서야 지극히 상식적이고 그게 더 흔한 풍경
이니 남자와 사는 것 자체에 대한 리스크는 우리가 상상하는 것보다
적은 편이고, 일단 여자 하우스메이트들간의 신경전, 소위 캣파이트가
본격화될 때 어느 편에 서야 한다는 의무감 없이 워워워- 하면서 상황
수습 하는 건 역시 심드렁한 남자 캐릭터가 최고니까.

과연 그럴까 싶었는데, 은영이가 다음 하우스메이트를 구하는 과정에
서 그걸 제대로 느꼈다고 한다. 하우스메이트 후보가 여자일 때는 시
어머니처럼 깐깐하게 굴던 알린이, 남자가 왔을 때는 그렇게 유하고
순둥순둥할 수가 없었다고. 진작 남자 하우스메이트를 하나 들였다면
이 집이 그녀가 기분이 안 좋을 때마다 가시방석 같아지지는 않았을
거라는 생각도 들었다.

시간이 흘러 더블린을 떠날 때 나도 내 방을 내놓았다. 하우스메이트
후보로 극도로 까칠해 보이는 폴란드 아가씨가 다녀갔다. 말투나 대

화하는 방식이 마치 트랜스포머 버전으로 한 단계 더 진화한 폴란드인 버전 알린을 보는 느낌이었다. 게다가 그녀는 아주 집이 마음에 든다며, 내가 이사 나가면 그 자리에 들어오겠다고 했다. 카트린과 은영이까지 모두 이사할 예정이라 알린 혼자 그 친구와 살게 되는 상황이었는데, 나는 퇴근 후 돌아온 알린에게 뻔뻔하게 말했다.

"알린, 나 나가면 들어오겠다는 폴란드 애가 하나 있는데, 성격이 정말 너무 좋고 매너도 최고인 애가 왔다 갔어. 지금까지 다섯 명 정도 봤는데, 애가 가장 성격 좋은 것 같아."

결국 그녀는 입주를 확정지었고, 나는 폴란드 버전 알린에게 원조 알린을 바톤터치해주는 비장한 심정으로 쉐어하우스를 나왔다. 아마도 지금쯤 그녀와 중지를 세워가며 폭풍파이트를 하고 있을 것으로 예상된다. 그래, 너도 한번 까칠한 게 뭔지 겪어봐야지. '니들은 이 집에서 하는 일이 뭐냐'고 비하했던 우리를 그리워하면서 닭똥 같은 눈물을 흘릴 날이 조만간 올 거야. 폴란드 뉴페이스 파이팅!

BLACKROCK
MARKET
19A MAIN STREET
OPEN EVERY
SATURDAY / SUNDAY
OVER 60 STALLS
CLOTHES
BOOKS
BEAN BAGS
ANTIQUES
FOOD
CRAFTS
INTERNET
TAROT READER
ENTRANCE
15 Metres

BOOK SALE
C3 each
or 2 for C5

AU REVOIR
ADIOS
GUTEN TAG
CIAO
CARRAIG DUBH Supermacs
Supermacs

Shop
Opening Hours
Sat and Sun
Bank Holidays
DOLLS HOUSE CORNER
BEAN BAGS
THE BEAN BAG SHOP
SESSI
BARBER & TA
Blackrock Market
OKSH
In the House
BARBER

Old Curiousity Shop
087 63 10 707
THIS WAY

#11 축구팬을 위한 진짜 거실,
오코넬 스트리트의 '리빙룸'

"우리 내일 축구 볼 건데 같이 가자."

"어디서 볼 건데?"

"거실."

"너희 집?"

"아니, 거실."

"너희 집, 그러니까 너희 집 거실?"

"아니, 펍 The Living Room!"

더블린의 심장 오코넬 스트리트에는 축구팬을 위한 진짜 거실이 있다. 스포츠펍 The Living Room! 그야말로 북적북적 모여서 축구 보기에는 최적의 장소. 얼핏 봐도 열 개는 돼 보이는 스크린이 곳곳에 설치되어 있는 더블린 대표 스포츠펍이다. 펍 입구에 중계 경기 시간표가 적혀 있는데, 동시에 하는 여러 경기가 함께 적혀 있는 경우가 많다. 그런 경우 가장 인기 있는 경기를 메인스크린을 비롯한 곳곳에 걸고, 나머지 경기들은 분산해서 틀어주는 방식이다. 여러 팀 팬들이 많고 유럽 각지에서 온 외국인들이 많은 탓에 중계해야 할 경기도 많고 자연스레 맥주 손님도 항상 많은 리빙룸!

거실이나 집 바로 앞 펍에서 축구를 보는 일도 많았지만 하루는 레알 마드리드와 FC 바르셀로나의 경기, 일명 '엘 클라시코'가 있는 날이어서 리빙룸을 찾았다. 예상은 했지만 사람이 정말 많다! 입구로 들어서면 이미 시장통이다. 어차피 외국 펍은 자리를 잡고 앉기보단 대부분이 서서 먹으니 자리 걱정은 따로 할 필요가 없지만, 문제는 맥주 주문. 리빙룸에서의 맥주 주문은 맨체스터 유나이티드의 주전 경쟁 못지않은 근성과 센스가 필요하다. 맥주를 시키지 않고도 그냥 서서 보는 손님들도 워낙 많은 터라, 알바생들은 술 없이 술집에 들어와 있건 말건 아무도 신경쓰지 않는다. 한마디로 맥주가 고픈 손님이 아쉬운 곳!

수산시장 경매장을 방불케하며 사방에서 들려오는 맥주 주문들 사이에서 묻히지 않고 주문하느라 진땀을 뺐다. 맥주를 주문한 다음도 막막했다. 이 인파를 뚫고 경기가 잘 보이는 자리를 잡아야 했는데, 세기의 빅 매치였던 탓에 정말 사람이 터질 듯이 많았다. 맥주를 흘릴까 봐 받자마자 두 모금을 꿀꺽꿀꺽 마시고, 전쟁통 같은 인파 속으로 들어갔다. 운 좋게 스크린 맨 앞까지 오기에 성공! 스크린 앞 턱에 맥주를 올려놓고 관전을 시작했다.

나는 레알 마드리드의 편도, 바르샤의 편도 아니다. 다만 스타 플레이어들의 불꽃 튀는 경쟁을 실감나게 보고 싶은 축구팬, 한마디로 남의 싸움 구경꾼이었다. 그래서 누가 골을 넣든 함께 환호하며 볼 생각으로 왔는데, 막상 와보니 제대로 전쟁터! 어느 팀이 공을 잡느냐에 따라 온갖 욕과 야유가 사방에서 터져나왔다. 스크린 맨 앞이라 뒤가 보이지는

adidas
SIEMEN

않았지만, 다닥다닥 야수들이 내 뒤를 메우고 있다고 생각하니 돌아볼 엄두도 나지 않았다.

그러던 중 메시가 그림 같은 두 번째 골을 넣었다. 메시는 메시구나 싶은 환상적인 골장면을 보고 나니 나도 모르게 그 자리에서 방방 뛰면서 소리를 질렀는데, 뒤에 바르샤 팬이 있으면 함께 환호라도 하려고 돌아선 순간 얼어붙었다. 내 바로 뒤에는 흰색 홈 유니폼을 입은 한 무리의 레알 마드리드 팬들이 초상난 표정으로 스크린을 주시하고 있었다. 0:2, 홈에서 벌어진 경기에서 두 점이나 뒤지고 있는 레알 마드리드의 경기가 중계되는 스크린, 그리고 유니폼까지 입고 와서는 그 장면을 허탈하게 바라보는 팬. 내가 딱 그 사이에 있었다. 하이파이브는 확실히 아니고, 그렇다고 사과할 일도 아니고, 위로해주기도 어설프고. 어정쩡하게 다시 앞을 보고 허탈하게 박수를 치면서 다음 골장면을 기다렸다. 레알 마드리드는 어떤 반격에도 성공하지 못하고 경기를 마쳤다. 사람이 많으니 한참 후에 나갈 생각으로 느긋하게 고개를 돌렸는데, 의외로 다들 한번에 우르르 빠져나갔다. 다음에도 나름 빅매치가 있지만, 응원하는 팀 경기가 끝나면 쿨하게 자리를 비워주시는 축구팬의 매너! 물갈이하듯 다른 유니폼을 입은 축구팬들이 우르르 밀고 들어왔고, 리빙룸을 가득 메운 레알 마드리드와 바르샤의 유니폼 군단은 이후 템플바 구석구석에 있는 각종 펍에서 목격되었다. 진 팀은 진 대로, 이긴 팀은 이긴 대로 파인트(맥주잔)를 들고 한 잔씩 하러 온 모양이었다.

한국에서 유럽 축구를 즐겨 보는 사람들에게 가장 서러운 것을 꼽자면 뭐니 뭐니 해도 다음 날 출근해야 하는데 새벽에 경기를 봐야 하는 게 아닌가 싶다. 경기장에 직접 가서 보는 호사는 아니더라도 유럽 축구의 열기를 제대로 느끼고 싶다면 리빙룸에서 축구를 보는 것도 좋은 선택지다. 운이 좋다면 같은 팀을 응원하는 현지 축덕을 만나서 다음부턴 진짜 아일랜드 리빙룸에서 기네스와 함께 축구를 보는 행운도 기대할 수 있지 않을까?

축구팬을 위한 진짜 거실,
오코넬 스트리트의 '리빙룸'

#12 더블린을 달리는
   젠틀맨들

더블린 버스는 어렵다. 지상전철 루아스나 다트는 시내를 주로 다니는 내게는 탈 일이 별로 없다. 그러다 보니 버스노선을 잘못 알아 길을 잃거나 약속시간에 늦을 것 같으면 택시를 자주 탔다.

혼자 외국을 나와 있으면 씩씩하게 돌아다니다가도, 가끔은 따뜻하게 이것저것 조언해주는 어른이란 존재가 없음에 허전함을 느끼게 될 때가 있다. 그런 때 더블린을 달리는 젠틀맨들, 택시기사 아저씨들은 내게 가끔 푸근한 어른들이 되어주곤 했었다.

더블린이라고 빙빙 돌아가는 불친절한 택시 아저씨가 왜 없겠냐만은, 다행스럽게도 나는 단 한 번도 그런 불운을 만나지 않았다. 특히 유럽 외지인이 아닌 아일랜드 사람을 만날 기회가 생각보다 많이 없는 더블린에서, 내가 아일랜드 사람들에게 좋은 인상을 갖게 된 커다란 계기 역시 택시 아저씨들이었다.

가끔 혼자 다니다 보면 정말로 밥 먹을 때와 가게 직원에게 뭘 주문할 때 빼고는 한마디도 안 하고 다니게 될 때가 있다. 말도 말이지만, 웃을 일도 그다지 많이 없다. 그러다가 택시를 타면, 항상 밝게 인사하는 더블린 아저씨들 덕에 하루 중 처음으로 웃으면서 이야기도 나누고, 더블린 정보도 얻어가곤 했다. 누가 봐도 외지인인 비쥬얼 덕에 항상 내가 어떻게 여기에 왔는지를 비롯해 이것저것 많이 물어봤는데, 여행 슬럼프에 빠질 만하면 항상 더블린 택시기사 아저씨들이 여유로움에서 나오는 따뜻한 말에 용기를 얻었다.

"혼자서 더블린에서 지낸다고? 그냥 긴 휴가로? 용기 있네. 더블린은 좋은 동네야. 너도 아마 곧 좋아하게 될 거야. 혼자서 느긋하게 지내기에는 좋은 도시를 잘 고른 거야. 아일랜드 사람들은 다 느긋하고 펍에 가면 다들 친해지니까 혼자 오더라도 놀고 먹기는 딱 좋지. 다 여행하고 놀자고 열심히 사는 거 아니겠어? 그나저나 지금까지 어디어디 다녔니? 템플바는 갔어?"

아저씨가 하는 말에 덩달아 쫑알쫑알 떠들고 있으면 그런데 왜 혼자 왔냐, 남자친구는 없느냐, 너 같은 여자애랑 헤어지다니 운 없는 놈이구먼 해가며 비행기를 태웠다.

여기서 미리 인정하고 넘어가자면, 분명히 유럽 남자들은 동양인 여자를 귀엽게 보는 경향이 있다. 이성적인 매력을 느끼느냐 아니냐는 그만두고라도, 일단 좀 더 보호해야 할 대상으로 보고, 아이처럼 보다 보니 보호본능에서 우러나오는 친절도 많이 베푸는 게 사실이다. 특히 그 동양인 여자가 이제 막 더블린에 정착해야 하는 얼뜨기 이방인 같을 땐 더 그렇다.

그래서인지 더블린 택시기사 아저씨들은 내가 내릴 때가 되면 물가에 내놓은 아이처럼 걱정하며 몇 번이고 적어온 주소와 도착한 집에 붙은 번지수를 확인해주곤 했다. 아빠 잔소리처럼 쏟아지는 걱정스러운 멘

트에 고개를 끄덕이다가 돈을 지불하려고 하면 거스름돈 중 잔돈 얼마
는 쿨하게 깎아주기도 했다. 잔돈 깎아주는 택시라니 세계 어디서도
들도 보도 못 했지만 더블린에는 있다.

하루는 템플바에서 친구들을 만나고 돌아오는 길이었다. 템플바가 문
을 닫는 시간쯤 되면 거리에서 인파가 쏟아져나오기 때문에 택시 잡기
가 쉽지 않다. 집까지 걸어서 10분이지만 걷자니 불안해서 택시를 잡
는데, 우리 집에 가는 방향은 잘 잡히질 않고 건너편에만 줄줄이 택시
가 서 있었다. 포기하고 일단 집 방향으로 조용조용 걸어가는데, 줄줄
이 서서 차례로 손님을 태우던 택시 중 한 대가 다음 손님을 태우는 대
신 갑자기 유턴을 해서 내 앞에 와서 섰다.
"너 계속 택시 잡고 있었지? 어서 타라!"
일단 감사하다고 인사를 하고 탔다. 주소를 말하려는데 아저씨가 대뜸
말씀하셨다.
"뒤에 검은 점퍼 입은 남자 보이니? 지금 뒤돌아서 걷고 있는 사람. 애
야, 뒤도 가끔 돌아보고 하면서 좀 걸어. 저 남자가 니가 택시 잡는 내내
뒤에서 보고 있다가 걸어가기 시작하니까 빠른 걸음으로 따라붙더라고.
그걸 보고 놀라서 유턴해서 넘어온 거야."
세상에⋯. 하마터면 큰일 날 뻔한 상황이었다. 다행히 센스쟁이 택시

아저씨가 줄서서 기다린 손님을 쿨하게 포기하고 넘어와주신 덕에 위기를 모면했다. 주소를 알려드리고 집에 가는 길에, 아저씨가 마음에 걸리셨는지 몇 마딜 더 던지신다.

"더블린은 위험하지 않아. 다른 유럽 국가에 비하면 치안이 정말로 좋은 편이야. 하지만 어딜 가나 이상한 사람들은 다 있기 마련이잖아. 금요일 밤이니까 술 취한 사람도 많았고⋯. 그나저나 너는 택시 타는 거 봐줄 남자도 없었어? 이 시간에 멀쩡한 아가씨가 혼자서 걸어다녔어 왜~."

"그러게요. 그렇게 펍 문 앞에서 바이바이 하는 경우가 어디 있어요? 택시 정도는 잡아주고 집에 가면 어때서. 아일랜드 남자들 그렇게 안 봤는데."

"그래, 요즘 애들은 남자답질 못해. 내가 대신 사과하마. 돼먹지 못한 놈들이네!"

누구에게나 삶의 태엽이 있다. 온 에너지를 쏟으며 격렬하게 하루를 살아내야 할 땐 그만큼의 원동력을 어디에선가 얻어야 하고, 더블린에서의 나처럼 커다란 업무나 이벤트 없이 밋밋한 하루를 보내는 게 일인 사람 역시 그 크기의 하루를 위한 최소한의 연료는 필요하다. 가끔 그것마저도 떨어져 걷기도 진이 빠지고 버스를 기다리기도 심퉁이 날

때는 돈 없는 여행자의 신분도 잊어버리고 일단 택시를 탔다. 그러고
는 입도 열고 마음도 열면서 몰래 위안을 받곤 했다. 비록 더블린이 손
바닥만 한 도시라서 우리의 대화는 10분을 넘기지 못할 때가 대부분이
었지만, 덕분에 아저씨들은 호구조사 같은 거추장스러운 질문 대신 당
장이라도 받아 적어야 할 것 같은 멋진 말들로 꺼져가던 내 하루에 다
시 불씨를 불어넣어주고서 갈 길을 갔다.

#13 아주 평범한,
       매일 꿈꿨던 매일

아일랜드의 아침은 파랗다. 하늘도 파랗지만 공기도 파랗다. 외풍이 심한 삼층집 화장실 옆에 살던 나는, 항상 전기온수기 돌아가는 소리에 자연스럽게 눈을 떴다. 시계는 아침 8시경, 하지만 방 안에 도는 아침 한기가 코끝에서 시리게 느껴져서 침대 밖으로 한 발짝 딛는 것은 쉬운 게 아니었다. 두 시간 가량을 빈둥대고 뒤통수가 저릴 정도가 되고 나서야 스멀스멀 방 밖으로 나섰다.

부엌이 있는 1층으로 계단을 내려와 냉장고 문을 열고 뭘 아침으로 먹을지 고민했다. 베이컨, 달걀, 우유. 한국에서 자취할 때는 아침식사로 잘 먹지 않던 것들이지만 여럿이서 사는 쉐어하우스에서 갖춰진 집기로 해 먹기 간편한 것들이라 아침마다 즐겨 먹었다. 대충 아침을 챙겨 먹고, 전기포트에 물을 끓여 커피를 홀짝이면서 올라가서 샤워할 것들을 주섬주섬 챙기며 반 정도를 먹었다.

난방이 잘되는 한국 집과 달리, 내가 살던 아일랜드 집은 외풍이 심해서 집에서도 야상에 수면양말을 껴입고 지냈다. 샤워실이 코앞이건만, 추운 방에서 뜨거운 물이 나오는 샤워기 아래 쏙 들어가기 전까지가 천년만년 같았다. 두툼한 샤워가운 없이 살 수 없는 집이었다.

전기온수기를 쓰는 집이라, 한 번 샤워기를 껐다가 틀면 다시 찬물이 나왔다. 감기가 훅 들 것 같아서 온수를 콸콸 틀어놓고 급하게 샤워를 하고, 반쯤 익은 닭처럼 몸에서 김을 뿜으며 나와서 머리를 말리고 나갈 준비를 했다.

만남의 광장, 스파이어! 더블린 시내에서 가장 유명한 만남의 광장. 거대한 이쑤시개 같은 스파이어는 나 같은 더블린 초짜에게도 훌륭한 약속장소가 되어줬다. 하늘 위로 치솟은 흉물이라고 여기는 사람들도 있지만, 에펠탑도 도시의 괴물로 여겨졌던 때가 있었듯이 스파이어도 호불호가 갈릴 뿐 자타공인 더블린의 랜드마크임은 확실하다. 특히 오코넬 스트리트를 기점으로 열심히 헤매다가 방향을 잃어서 고개를 들면 나침반처럼 항상 길을 알려주는 고마운 건축물이다.

시티센터에서 할 일을 하다가 심심해지면 스파이어 주변을 서성대는 사람들을 관찰하곤 했다. 여자친구를 기다리는 남자, 길을 찾는 관광객, 꽃 파는 사람들…. 스파이어 주변을 서성대면 여러 가지 표정을 마주할 수 있다. 특히 다들 회색 얼굴을 하고 있다가 저 멀리에서 기다리던 그 혹은 그녀의 모습이 보이면 얼굴에 노란 백열등이 탁 켜지는 것처럼 환해진 표정으로 자리를 뜬다. 그렇게 얼굴들 위로 탁, 탁 켜지는 불빛과 함께 사라지는 사람들을 구경하다가 인파 속으로 사라지는 것 역시, 느긋하게 생활여행을 하는 사람들만이 가진 특권이었다.

돌아오는 길에 슈퍼에 들러서 먹을 것들을 사고, 만약 저녁때 요리를 하고 싶지 않으면 레오 버독(Leo Burdock)에서 스모크 피쉬앤칩스를 사서 끌어안고 버스를 탔다. 정류장 안내 멘트나 노선도 없이도 대충 내가 내릴 정류장을 잘 맞춰 벨을 누르고 하차하면, 오늘 하루도 실수하지 않고 보냈다는 뿌듯함에 젖어서 집까지 가곤 했었다. 성 패트릭 성당 앞을 지날 때 거대한 카메라를 목에 멘 수많은 관광객들을 보면서, 모습은 내가 더 이방인일지언정 나는 더블리너, 너는 여행자 하는 이상한 우월감에 젖어서 괜히 더 흐뭇해졌던 날들도 있었다.

아일랜드에 오기 전에 혼자서 꿈꾸던 내 모습이 있었다. 많은 친구도 필요 없고, 많은 여행지도 필요 없었다. 적당한 사소함과 적당한 고독, 적당한 일상과 적당한 여행이 섞인 그 중간쯤 어딘가의 나날들. 손바닥만 한 도시지만 관광객이 넘쳐나는 아일랜드의 수도 더블린은 딱 그런 생활을 하기에 알맞은 도시였다. 걷고 걷다 지쳐서 우연히 찾아든 산속 카페가 커피부터 음악까지 신기하게 내 취향인 것처럼, 나에게 더블린은 그런 도시였다. 실망할 만한 기대감도, 버거울 만한 의무감도 없었던 딱 적당한 도시. 내일 할 일을 정해놓지 않아도 눈뜰 땐 행복하고 눈 감을 땐 흐뭇했던, 그런 곳에서의 매일이 빠르게 지나가고 있었다.

펍

템플바 The Temple Bar

말이 필요 없는 템플바. 지나가는 길에 잠시 들르는 것만으로 더블린 여행자 기분을 만끽할 수 있는 곳. 넘쳐나는 관광객들 틈바구니에서 아이리쉬 음악을 제대로 즐길 수 있다. 가끔 유명한 노래의 아이리쉬 커버버전을 불러주기도 하는데, 이때 즐기는 떼창이 쏠쏠한 재미. 자주 마신 음료는 따끈한 아이리쉬 커피, 스미딕스와 하프 생맥주.

리빙룸 The Living Room

축구팬들의 광기에 가까운 열띤 분위기 속에서 경기를 보고 싶다면 무조건 추천. 혼자 가는 것보다는 삼삼오오 가기를 추천한다. 전반이 흘러가기 전에 반경 3미터의 사람들이 어느 팀 팬인지 파악하게 될 것이며, 후반전이 끝날 때쯤엔 그들 중 누군가와 말을 섞고 친구 리스트에 몇 명을 추가할 수 있을 것이다. 자주 마시던 음료는 라임 꽂은 호가든 생맥주.

다이시스 Dicey's Garden

화요일에 2유로로 기네스를 비롯한 생맥주와 스낵를 파는 것으로 유명하다. 덕분에 화요일은 손님들로 바글바글하다. 친구들과 북적대면서 한 잔 하고 싶다면 추천. 또한 이날 더블린 카우치서핑 모임도 열린다. 유럽계 외국인이 많은 더블린은 카우치서핑 모임이 활성화된 도시 중 하나이기 때문에 한 번쯤 참가해볼 만하다. 병으로 파는 코파버그(스웨덴의 과일향 나는 맥주) 역시 2유로라 여기서는 매번 그걸 마셨다.

카페

버틀러스 초콜렛 카페 Butlers Chocolate Cafe

아일랜드를 대표하는 초콜릿 카페. 특히 고체 핫초코는 선물용으로도 집에서 먹기도 좋다. 아이스초코 한 잔을 시켜서 달달하게 마시며 지나가는 사람들 구경하는 재미도 쏠쏠하다. 더블린에 지점이 여러 곳 있으니 지나가다 마주치거든 한 번은 들어가보길 권한다.

뷸리스 커피 Bewley's Cafe

아일랜드에서 유명한 뷸리스 커피&티. 얼마 전 한국에도 뷸리스의 차가 들어올 정도로 세계적으로도 유명한 곳. 커피와 차, 식사가 다 먹을 만하다. 그중 당근케이크가 별미.

식당

레오 버독 Leo Burdock

설명이 필요 없는 피쉬앤칩스 전문점. 맛집으로 유명하지만 한국 사람에게 피쉬앤칩스가 맛있긴 쉽지 않다. 하지만 스모크 피쉬앤칩스는 나름의 중독성이 있다. 양도 어마어마하기 때문에 요리하기 귀찮은 날 집에 포장해 와서 영화 보며 먹기 제격이다. 나중에는 여행하고 돌아오는 날 나만의 의식처럼, 레오버독에서 포장해 온 음식을 배 터지게 먹고 배를 두드리며 짐정리를 하곤 했다.

엘레펀트 앤 캐슬 Elephant & Castle

맛집 얼마 없는 더블린에서 나를 사로잡은 치킨윙 가게. 메뉴 이름은 Spicy Chicken Wings in a Basket, 12.50유로. 이름대로 작은 바스켓에 치킨윙이 나온다. 한국인 친구와 셋이서 갔다가 1인 1바스켓을 주문해서 먹고 모두가 행복했던 기억. 매콤새콤한 치킨윙이 당기는 날 추천. 감자튀김에 치즈와 마늘소스를 올린 Garlic & Cheese Fries도 추천.

공원

스티븐스 그린 St. Stephen's Green

영화 〈원스〉에서 주인공과 주인공의 돈통을 훔쳐 달아나던 도둑의 추격전(?)이 벌어졌던 그 공원. 뉴욕에 센트럴파크가 있다면 더블린에는 스티븐스 그린이 있다! 버스커의 성지 그래프톤 스트리트와 연결되어 있고 쇼핑센터도 가까이 있어서 겸사겸사 나들이하기는 최적의 장소.

성패트릭 성당 St. Patrick's Cathedral

더블린을 대표하는 성당. Cathedral이라는 명칭 때문에 가톨릭인 줄 알고 미사 시간을 문의했다가 "여기는 성공회 교회입니다." 하는 대답에 미안함을 감추지 못했던 기억이 있다. 안을 둘러보는 것도 좋지만, 더 좋은 것은 딸려 있는 정원. 누워서 책 보는 사람들 틈에서 한가로이 오후를 보내기 좋은 곳.

#14 아이리쉬의 미스터리

길에서 지도를 펴는 일이 불편해졌다. 스페인이나 프랑스를 여행할 땐 소매치기를 당하게 될까 봐 그랬는데, 더블린은 전혀 다른 쌩뚱맞은 이유였다. 더블린은 치안이 좋은 편이라, 소매치기나 자잘한 사건사고도 별로 없는 편이다. 다만, 지도만 폈다 하면 다가오는 할머니들은 있다. 처음 시내 지도를 안내센터에서 받고 내가 갈 카페 위치를 찾으려고 길 이름과 지도를 번갈아 쳐다보는데, 백발의 할머니가 다가왔다.

"어디를 가려고 그러니? 내가 도와줄까?"

"아, 카페를 가려고 주소를 받았는데 조금 헷갈려서요. 헨리 가가 여기고, 분명 이쪽으로 들어왔는데…."

"처치 카페? 거기는 찾기 쉽지. 내가 그리 함께 가주마. 따라오렴."

세계 어딜가나 할머니들은 참 따뜻하다. 같은 방향도 아니면서 길을 알려주겠다고 어디든 따라나서는 건 기본이다. 버스노선이 맞냐고 물으면 함께 데리고 타서 기사에게 잘 내릴 수 있게 잘 챙겨달라며 신신당부를 하고 내리시고, 슈퍼에서 과일이나 생선을 고를 때도 흔쾌히 좋은 걸 함께 골라주시기도 한다. 좋은 사람들과 마주치는 것도 매일의 뽑기 같은 행운이지만, 적어도 내 경험상 아일랜드에서는 당첨 확률이 꽤 높은 편이었다.

몇 년 전 론리플래닛이 실시한 설문조사에서 '관광객에게 가장 친절한 도시' 1위로 당당히 더블린이 뽑혔다. 아마도 뽑기 타율이 좋은 사람이

나뿐만은 아닌가 보다. 아이리쉬 친구 라비에게 아일랜드 사람은 왜 친절하냐고 물었더니, 아일랜드 사람 특유의 위트 있는 대답이 되돌아온다.

"친절한 사람이 많은지는 모르겠는데, 일단 우리는 친절하다는 말을 듣는 거를 엄청 좋아해. 어떻게든 하루에 친절하시네요 소리를 더 듣고 싶어서 다 함께 아등바등하는 거야. 내가 무료 투어 봉사하는 것도 그 맛에 하는 거야. 론리플래닛이고 뭐고 일단 친절하다는 말 듣는 거에 목숨 걸고 환장하는 거지."

그러던 어느 날, 아이리쉬에 대한 환상을 와장창 깨는 사건이 발생했다. 길에서 한 소녀가 가방에서 뭔가를 꺼내더니 허공에 대고 던지기 시작했다. 포물선을 그리면서 허공에 던져진 건 다름 아닌 달걀이었는데, 다시 포물선을 그리면서 행인에게 툭, 떨어졌다.

방금 내가 본 게 뭐지? 내 눈을 의심했다. 누가 봐도 아무 관계도 없어 보이는 소녀와 행인, 게다가 달걀을 던진 방식 자체가 '너 이놈 맞아라'라기보단 '아무나 맞아버려라'였다. 제정신이 아닌 것 같은 소녀와 마주치는 불상사도 피하고 놀란 가슴도 가라앉힐 겸 바로 앞에 있던 옷가게로 도망치듯 들어가버렸다. 옷을 고르는 척 둘러보다가 낄낄대며 쇼윈도 앞을 지나는 소녀가 나타나자 나도 모르게 그 뒷모습에 시선을 고정해버렸다. 가게에 한 명뿐인 손님이었던 날 보던 점원이 대충 다 봤다는 듯 혀를 찼다.

"정신 나간 것들."

"아는 사람이에요? 저 여자애요. 허공에 달걀을 던졌어요. 봤어요?"

놀란 마음이 가라앉지 않아서 횡설수설하는 날 보더니, 점원은 그제야 알겠다는 표정으로 말했다.

"아일랜드 온 지 얼마 안 됐어요? 쟤네들 매일 하는 일이잖아요. 원래 아일랜드 정신 나간 10대들은 달걀도 던지고 토마토도 던져요. 겨울이 아니길 망정이지, 겨울에는 눈을 쌓아놓고 던졌었어요."

어렴풋이 들은 것도 같다. 아일랜드 10대들 무섭다고. 하지만 요즘 무서운 10대 없는 나라가 어디 있겠나. 정말 이게 사실인가 싶어 아일랜드 사는 유학생들 커뮤니티를 대충 훑어보니, 정말로 그런 일이 많이 벌어진 모양이다. '지나가는 10대 양아치에게 토마토를 맞았어요. 이거 신고 못 하나요?' 하는 글부터, 피해 사례는 각양각색이지만 대충 일치하는 코드는 있었다. 위아래 츄리닝 입고 다니거나 반다나 하고 다니는 애들은 조심해야 한다, 달걀이나 토마토를 던진다, 대충 그런 것. 특히 동양인의 경우 약해 보이기 때문에 더 많이 당하는 것 같다는 의견도 있어서 덜컥 겁이 났다.

오랜만에 에바네 집에 놀러 갔다가, 가는 길에 비슷한 인상착의의 10대

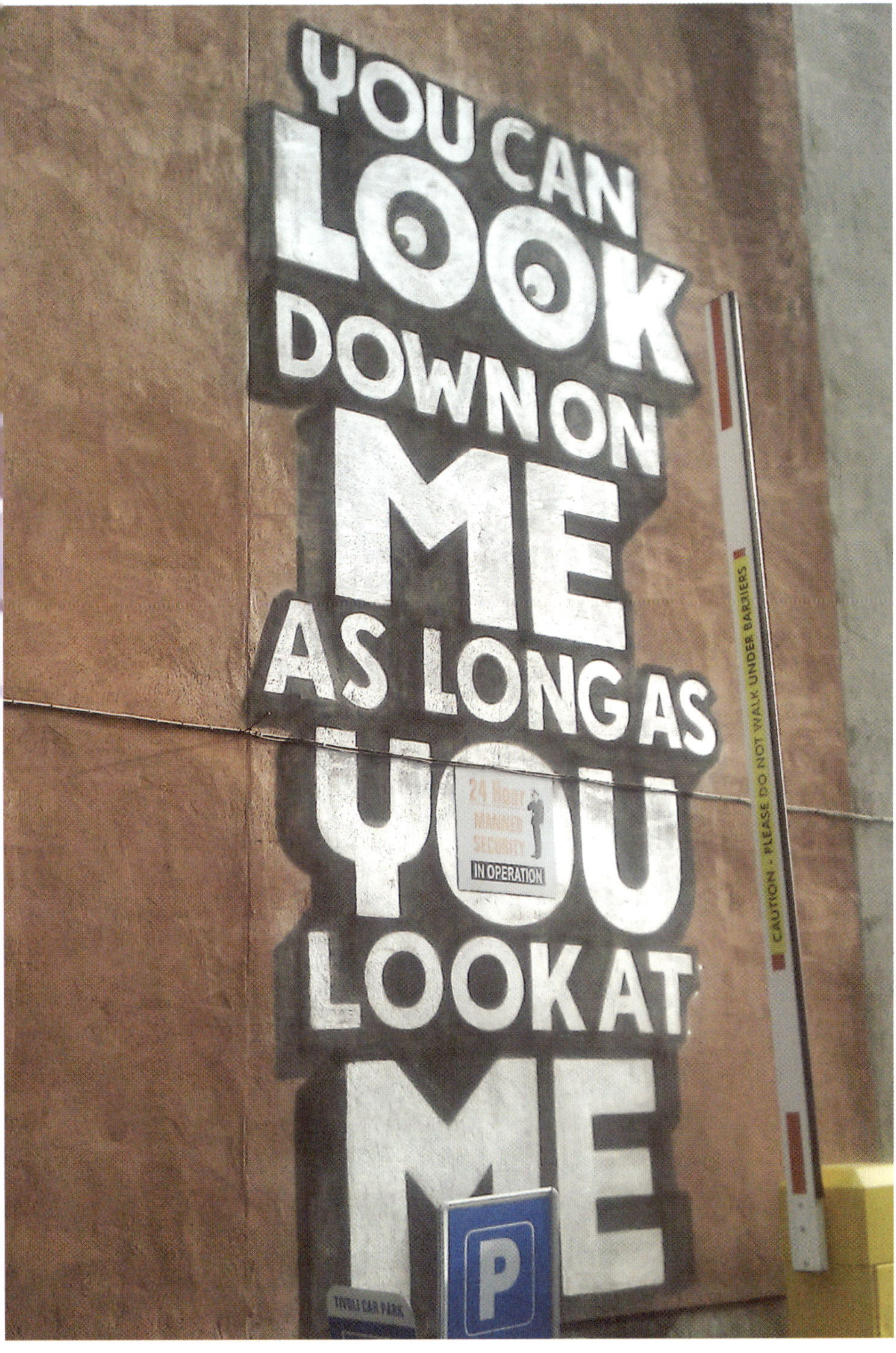

YOU CAN
LOOK
DOWN ON
ME
AS LONG AS
YOU
LOOK AT
ME
24 Hour
MANNED
SECURITY
IN OPERATION
CAUTION - PLEASE DO NOT WALK UNDER BARRIERS
P

들을 몇 명 목격했다. 걸음을 서둘러서 들어와서는 거실에 앉아 있던
차비와 유진에게 정말로 동양인들을 약하게 봐서 그러는 건지 물었다.

"사람 봐가면서 그러냐고? 있잖아, 우리 집 오는 길에 말썽쟁이 10대들
이 많이 모여 있어. 근데 진짜 웃긴 게 뭐냐면, 얼마 전에 내가 카탈란
파티 준비하느라 친구들 한 13명 정도가 술 사러 가는데 10대 남자애
두 명이 소리를 지르면서 뭘 던지고 덤비더라. 무슨 말인지 알겠지? 한
마디로 그냥 막 덤벼드는 거야. 어이가 없어서 웃음밖에 안 나오더라.
건장한 스페인 남자 13명이 가고 있는데 삐쩍 마른 14살짜리 남자애
둘이서 덤볐다니까. 걔네는 인종이고 성별이고 뭐고 없어. 그냥 아무
데나 달려드는 애들인 거야. 아일랜드 산 지 몇 년 됐어도 아일랜드 10
대는 아직도 미스터리야. 진짜 싸울 생각도 없었을걸? 그냥 여기저기
시비 걸고 싶은 거지."

들자 하니 더 황당해진다. 도대체 왜 그러는 걸까? 옆에서 듣던 프랑스
인 유진이 뭔가 골똘히 생각하더니 얘기했다.

"내 생각에는 그래. 아일랜드가 지금처럼 잘살게 된 지가 얼마 안 됐
잖아. 그리고 그걸 일으켜 세운 게 IT랑 이런 최근에 흥하는 업종이잖
아. 그러다 보니 부모들이 애들이랑 시간 보내줄 여유가 없었던 거 아
닐까? 학교 끝나면 할 일도 없고, 부모는 바쁘고 그런 거지. 너무 급하
게 국가가 성장하니까 사회 전체적으로 어딘가 불안하고 그런 분위기

에서 자란 애들이니까."

"설마. 그럼 한국은? 한국은 전쟁 나고 해서 한 50년 전에는 아무것도 없었는데? 한국만큼 드라마틱하게 변한 나라도 없을걸. 그게 사람한테 달걀 던지는 걸 설명하지는 못할 것 같아. 한국에서 그랬다가는 경찰서 가서 꿀밤 맞고 부모 호출되고 난리 날 텐데. 인터넷에 동영상도 뜨지 싶은데. 잠깐, 그럼 달걀을 일부러 갖고 다녀?"

"응, 걔네 항상 가방에서 꺼내잖아. 네 말 듣고 보니 정말 그렇다. 그럼 진짜 원인이 뭘까?"

아일랜드 사람 없이 한국 사람, 프랑스 사람, 스페인 사람이 둘러앉은 테이블에서 다뤄진 주제는 결국 점점 미궁 속으로 빠져들었다. 아직까지도 이 미스터리는 풀지 못했다. 나중에 아일랜드 사람에게도 물었지만, 이미 알고 있는 팩트에 대한 확인만이 돌아왔다.

첫째, 아일랜드 사람들은 착하다. 둘째, 그러나 일부 10대들은 악명 높다. 셋째, 하지만 그들도 커서는 대충 다 친절한 사람들 대열에 합류한다. 경계는 알 수 없다, 끝.

어쨌든, 그날 이후 나는 아일랜드 10대에 대한 공포심이 생겨서 어쩌다 맞은편에서 다가오면 바로 옆 가게로 숨어버리기도 하고, 빠른 걸음으로 대로변으로 나가곤 했다. 똥이 더러워서 피하지 무서워서 피하냐고 했던가. 나도 사실, 더러워서 10대들을 피하는 거라고 쿨하게 말할 수 있으면 좋으련만, 나는 그저 무섭다. 생판 모르는 나라에 와서 남이 던지는 토마토나 달걀을 내가 맞는 일은 더러운 수준을 넘어 죽도록 무서운 일 아닌가? 똥이 아무리 더러워도 내가 맞아야 한다면 그건 위생의 문제를 넘은 극한의 공포이듯이.

나에게 '아일랜드 사람들은 친절하다는 말을 들으려고 친절하게 군다'는 설을 주장했던 아이리쉬 친구 라비는, 10대들도 같은 맥락에서 자꾸 친절하다는 칭찬을 들으면 금방 착해질 테니 한번 시도해보라고 했다. 그렇지만 다가가서 10대들에게 '안녕, 착한 친구들아!' 할 일은 없을 것 같다. 말을 꺼내기도 전에 포물선을 그리며 달걀이 날아올지도 모를 일이니까.

PINTXO
bar
bar PINTXO
bar PINTXO

#15 더블린 마니아만의 꼬꼬마 동산,
그래프톤 스트리트

날이 저무는 거리에서 노래를 부르던 남자, 그리고 그 앞에 서 있다가 박수를 보내던 여자. 우리가 알던 남녀 주인공과는 거리가 먼, 지나가는 아무개를 불잡은 듯한 수수한 옷과 평범하다 못해 거친 영상. 화려하고 묵직한 명대사는 없지만 머리를 거치지 않고 마음을 그대로 관통하는 노래로 끊어질 듯 이어지는 일상, 그 일상을 이어 만든 영화 〈원스〉. 을씨년스러울 정도로 한적한 거리와 행인과 조금도 다르지 않은 모습으로 노래를 부르다가 다시 그 인파에 자연스레 섞이는 버스커가 등장하는 〈원스〉는 더블린 그대로를 영화에 압축했다고 해도 과언이 아닐 만큼의 싱크로율을 보유한 영화다.

호기심에 찾아본 감독 존 카니는 역시나 더블린 출신의 아이리쉬다. 그렇지, 그저 더블린을 좀 아는, 그래서 거기서 영화를 찍어보고 싶어 장소를 섭외한 외국인이 만든 영화라면 분명 어떤 방식으로든 이국적인 풍경을 살릴 목적으로 더블린스러움을 과잉 연출했을 것이다. 더블린 출신이라 과감히 생략하고 빼가며 그 어느 영화에서도 볼 수 없는 수수함을 모아서 만든 덕에 완벽한 더블린의 풍경을 담아냈다.

이런 곳에 혼자 와서 생활하고 있다는 건 그 특유의 분위기가 주는 아늑함에 취해 있다가도, 나도 모르게 어느 날 고개를 돌리면 도사리는 외로움에 노출된다는 의미이기도 하다.

약속도 없고 할 일도 없는 날엔 일주일치 먹을 것들과 생필품들을 사

더블린 마니아만의 꼬꼬마 동산,
그래프톤 스트리트

러 나가곤 했다. 마트만큼 자신의 상황을 직시하게 되는 공간은 없을 듯하다. 대용량으로 식빵이든 버터든 척척 사는 아줌마들 사이에서 쉐어하우스 내 칸 안에 들어가는 콤팩트하고 작은 단위의 음식을 찾다 보면 마트에서 원하는 과자를 못 얻어낸 아이처럼 나도 모르게 점점 입이 나오기도 했다. 일주일에 한 번씩 하는 현실 쇼핑, 마트는 그런 공간이었다.

우리 집에서 갈 수 있는 마트는 여러 곳이 있었지만, 나는 항상 그래프톤 스트리트에 있는 '막스앤스펜서'를 택했다. 마트에 가는 일을 핑계로 주 1회 그래프톤 스트리트에 가는 일상을 갖고 싶었기 때문이다. 마치 일본에 살던 시절 만화 〈NANA〉의 주 무대 중 하나였던 잭슨홀에서 매주 저녁을 먹기 위해 초후 역에서 과외 알바를 했던 것처럼.

언젠가 백두산의 기타리스트 김도균 님을 만난 적이 있다. 아일랜드에 추억이 많은 음악인 중 한 분으로 알고 있어서, 얼른 아일랜드 이야기를 꺼냈더니 상기된 표정으로 그래프톤 스트리트 이야기를 가장 먼저 하셨다. 그 길지 않은 한 구획의 길은, 음악과 공연을 사랑하는 모든 이들에겐 마음속 단골집 같은 그런 곳이다. 사람들의 발걸음을 사로잡는 공연이 열 걸음에 하나씩 펼쳐지는 곳. 그래서 그래프톤 스트리트에서 장을 보고 나면 돌아오는 길은 세 배 네 배는 더 길었다. 모래 그림을 그리는 사람부터 아예 피아노를 거리에 가지고 나온 음악가까지, 누군가에게 보여주면 박수 한 번 받을 만한 것이라면 뭐든 그래프톤 스트리트의 일부가 될 수 있었다.

그래프톤 스트리트에서 내가 가장 좋아한 밴드는 중고등학생으로 보이는 아이리쉬 음악 밴드였는데, 집에서 막 나온 듯한 후드티에 청바지를 입고 수줍은 표정으로 모여서 아일랜드 전통악기로 사람들의 시선을 사로잡는 친구들이었다. 어떻게 저런 어린 나이에 악기를 배우고 여기까지 나와서 연주할 생각을 했는지 궁금해할 필요도 없었다. 수많은 그래프톤 스트리트를 갖고 있는 음악의 도시, 나라를 대표하는 심벌조차 하프인 이곳에서 나고 자란 아이들이 아닌가. 이들에게 음악이란, 어른의 밥상에 합류하면 먹기 시작하는 우리나라 김치보다 자연스러운 것이리라.

거리에 있는 유모차와 연인들을 바라보다 새삼 혼자라고 느끼며 장바구니를 들고 걷노라면 내 처지가 양손에 든 일주일 치 살림보다 무겁게 느껴졌다. 그럴 때마다 나는 그래프톤 스트리트의 아티스트들을 지나가다 우연히 만나는 친구쯤으로 여겼다. 자주 보는 버스커가 오늘은 왔을까, 혹시 오늘도 내가 좋아하던 그 노래를 연주해줄까를 확인하는 일은 내가 장보러 나가기 좋아하는 이유 중 하나였다. 혼자 우유며 달걀이며 한 보따리 사서 뿔뿔대며 그 로맨틱한 거리를 누비는 나를 누

가 신경쓰고 보겠냐만, 가끔 버스커에게 동전 하나를 넣으러 가는 순
간 마주치는 시선을 피하지 않고 함께 상냥하게 눈인사를 하기 위해서
하다 못해 눈썹이라도 그리고 집을 나서곤 했다.
홀로 더블린에서 사는 사람이 덜 외로운 이유는 외로운 마음을 잠시
붙잡았다가 내려놓는 공간들이 여기저기 많기 때문이다. 어떤 목적지
를 택하더라도 중간에 한 번쯤은 한눈을 팔 수 있는 휴게소 같은 것들
이 더블린을 더블린으로 만든다.

당시 김도균 님은 아일랜드가 윈도우 바탕화면 같다고 하셨다. 기본으
로 깔린 작은 동산과 파란 하늘의 그림이 아일랜드 그 자체라고. 그래
서 나는 동의하면서 한마디 덧붙였다.
"맞아요. 그 꼬꼬마 텔레토비 동산 같은 곳 말씀하시는 거죠? 어딜 가
나 친구 같은 게 툭툭 튀어나오잖아요."
바로 그거라고, 초면에 번뜩이는 눈빛으로 서로를 맞봤다. 네, 여기 텔
레토비 친구 두 명 추가요.

.et 37 Grafton Street
hwb
77 50 5
www.hw

#16 아일랜드에 적응하고 싶은 자,
　　　그 깡맥주를 견뎌라

"아일랜드 소고기 맛있어."

"어디 가서 먹으면 돼?"

"어디 가긴, 집에서 먹어야지. 그게 제일 맛있지."

아일랜드 소고기를 먹어보라고 열심히 추천하던 라비가 레스토랑을 묻는 내 말에 난색을 표했다. 아일랜드에 맛있는 집이 어디 있어? 하면서. 농담 그만하라면서 극구 물었더니, 정말로 추천해줄 레스토랑은 없다고 당황해한다.

워낙 음식에 있어서는 관대해서, 놀이터에 있는 콩벌레도 씹어먹을 식성의 나지만 아일랜드에서는 정말로 맛집이라 할 곳을 찾지 못했다. 다행스러운 것은 아일랜드 물가가 아무리 비싸다 비싸다 해도 식료품값은 그다지 비싸지 않았고 고기도 저렴하다는 점이었다. 한국에서는 꼬치집이나 가야 겨우 먹을 수 있는 양고기와 라비가 강추한 아일랜드 소고기는 정말로 원없이 먹었다.

그나마 아일랜드를 상징하는 맛집이라 할 만한 곳이 레오 버독인데, 더블린의 오래되고 유명한 피쉬앤칩스 가게라 항상 손님이 많은 편이다. 하지만 이마저도 생선요리가 다양한 한국 사람 입에는 '대구튀김' 이외의 코멘트가 떠오르지 않는 음식인 것은 사실이다. 그저 뉴욕에 가면 쉑쉑버거를 먹고 일본에 가면 츠키치 시장에 가서 초밥을 먹어야 하는 것처럼 더블린에 가면 레오 버독의 피쉬앤칩스를 먹어야 하는, 상징적인 의미의 맛집이라고 해둬야겠다. 물론 여기에 반기를 들며 피쉬앤칩스는 정말 맛있는 음식이고, 그중에서도 레오 버독은 진정한 의미의 맛집이라 하는 사람들이 있으니 지금껏 유명세를 타고 있는 것이리라.

특출나게 소개할 만한 식당은 없는 더블린이지만, 내세울 펍은 수백 수천 곳이 있다. 실제로 분포된 펍을 기네스 잔으로 표시한 펍 지도도 있을 정도. 공항 게이트 안에도 펍이 아이리쉬 특유의 인테리어 그대로 갖추어진 나라니 말 다했다. 엄밀히 말하면 펍은 술집이지만, 아일랜드의 펍은 식사도 함께 제공해서 오전부터 문을 연 곳이 많다. 그리고 술 좋아하기로 소문난 기네스의 나라답게 대낮에 가도 맥주 한 잔 걸치고 있는 사람들을 심심찮게 볼 수 있다.

처음 펍에 갔을 때, 어디서 주문해서 어느 자리에 앉아 어떤 안주와 먹어야 할지 난감하기 짝이 없었다. 사람들 틈바구니를 뚫고 들어가 바텐더에게 한 잔씩 주문을 해야 하는 것도 어색하고, 중간중간에 의자도 있지만 기본적으로 다들 서서 술을 마신다는 것도 신기하고, 안주 없이 그야말로 깡맥주만 다들 마신다는 사실은 심지어 충격적이었다.

술에 따른 음식궁합이 중요한 한국 사람에게 술을 마시고 나서 입에 들어올 간식거리가 없다는 것은 갑자기 눈썹이 사라진 것만 같은 허전함과 허기를 동시에 동반한다. 깡맥주라니, 하다 못해 오징어는 못 돼도 팝콘이라도 있어야지!

더블린의 유명한 펍 중, 매주 화요일 생맥주와 감자튀김 등 모든 메뉴를 2유로에 제공하는 다이시스(Dicey's)가 있다. 저렴한 가격 덕에 동네 대학생들은 다 거기 모인다. 얼씨구나 신나게 맥주를 먹다 보면 금새 취한다.

그날도 역시 기분 좋게 취해서 들뜬 얼굴로 사람들과 대화를 하는데, 우리 일행 중 어색하게 서 있던 아이리쉬 친구 콜린이 다가와 용기를 내서 말했다.

"안녕? 네 다음 잔 내가 사도 되겠니?"

"괜찮아. 내 술은 내가 사 마실래."

잠시 당황한 표정이 스칠 무렵, 얼른 이어서 말했다.

"대신 2유로짜리 감자튀김 하나 사주라. 네 다음 잔 내가 살게."

"왠 감자튀김이야?"

일행 모두가 그게 무슨 소리냐며 웃어댔다. 사실 처음에는 어색하게 웃으면서 맥주 몇 잔쯤 할 수 있었는데, 시간이 지날수록 안주 생각이 간절해져서 견딜 수가 없었다. 하지만 혼자 뭘 사먹는 것만큼 한국인에게 서러운 순간이 어디 있겠는가. 차마 감자튀김 파는 곳에 다가가지 못하고 눈치만 볼 때쯤, 그렇게 콜린이 다가와서 '한잔 살게!' 하고 용기를 내줬다. 그리고 그 용기에 나도 용기를 내서, 그럼 나혼자 감자튀김 사먹는 여자애 되지 않게 도와달라고 손을 뻗었던 거다.

"내가 음식이나 사오라는 이상한 부탁을 한 걸로 여기지 않았으면 좋겠어. 한국에서 혼자서 밥먹는 건 슬픈 일이거든. 친해지고 싶은 사람이 있을 때, 함께 얘기하고 싶을 때 우리는 다음에 밥 한번 먹자고 해. 그래서 그런지 도저히 혼자 저기 가서 감자튀김 주문해서 가져와 먹을 엄두가 안 나. 감자튀김 사와서 같이 먹어주라. 이 다음 잔 내가 산다니까."

이렇게 처음에는 취기가 올라올 때마다 안주거리가 없어서 괴로워했다. 테이블을 정해놓고 거기 진득하게 앉아서 술을 먹는 문화라면 나 혼자 작은 안주를 시켜서 나눠 먹어도 좋았겠지만, 보통 다들 서서 마시는 와중에 혼자 뭔가를 서서 들고 먹을 수는 없는 노릇이었다. 그러다보니 다음 펍으로 넘어가는 길에 햄버거 가게라도 보이면 사이드메뉴라도 먹고 가자고 친구들을 조르기도 했다. 친구들은 '넌 어떻게 그렇게 먹는데도 살이 안 찌냐'는 내 한국 친구들이 들으면 기겁할 망언을 했다. 대부분의 한국 통통녀들은 아일랜드 사람들의 눈에는 날씬해 보이기 마련이고 유독 술을 먹으면 먹을 게 더 당겨서 많이 먹게 되는 거였는데, 그런 상황을 모르는 친구들은 '새벽까지 꽉꽉 채워서 먹는데 살 안 찌는 애'로 나를 기억하고 있었다.

그런데 그렇게 몇 번 펍에 오고 나면, 어느 순간 파인트 하나만 있으면 다른 어떤 음식도 필요 없게 되는 순간이 온다. 출출할 때 첫 잔은 밥 같은 '기네스', 기네스는 너무 무겁지만 아일랜드 맥주 특유의 향은 즐기고 싶다면 '스미딕스', 청량감 있는 라거가 당긴다면 '하프'.

한국 맥주보다 훨씬 풍미가 강한 아일랜드 맥주들 자체의 맛에 점점 길들기 시작하면 중간에 음식이 끼어들 자리 없이 맥주 그 자체만으로도 훌륭한 밤을 완성할 수 있다.

누군가 나에게 더블린 사람 다 돼가는 걸 실감할 때가 언제냐고 물은 적이 있다. 나는 망설임 없이 '깡맥주 맛을 알게 됐을 때'라고 대답했다. 안주가 없어도 혀끝이 다른 음식을 더 이상 원하지 않게 됐을 때, 저녁을 못 먹은 날 굳이 맥주와 함께 뭘 시키기보단 밥처럼 포만감 있는 기네스를 찾아 때울 줄 알게 됐을 때 비로소 묘한 소외감 같은 게 사라지는 특이한 경험을 하게 될 것이다. 더블린 펍을 즐기고픈 자, 그 깡맥주를 견뎌라!

GUINNESS
EST. 1759

20%
OFF*
Must end
Sunday
EVERYTHIN
RRATTS
20%

Hop On Hop Off
City Sightseeing
Live Guide Commentary
TAXI
TAXI 24458

KAREN MILLEN
ENGLAND
UP TO
50
SALE
O'NEILLS

P
loc : Trespan
PAY & DISPLAY
Mon-Sat
07.00 - 19.00
MON - SAT
IPTIONS
Re

#17 펍에서 박지성을 외치다가
성이 안 차던 어느 날

"맨유 지는 거 보러 가자. 얼른 리빙룸으로 나와."

눈뜨기도 전에 온 문자가 나를 자극했다. 맨체스터 시티를 좋아하는 짐과 크리스, 맨체스터 유나이티드 팬인 라비와 친구들이 리빙룸으로 온단다. 꼭 어디 놀러 가자는 제안을 저렇게 밉게 해요. 콤비처럼 옥 신각신하는 짐과 라비가 이번에는 또 축구를 두고 무슨 만담을 펼칠지 기대되기도 하고, 리빙룸에서 함께 빅매치를 보자는데 마다할 이유가 없었다.

"한국에 고기도 먹어본 놈이 먹는다는 말이 있어. 이겨본 놈이 이기는 거 보러 갈게. 리빙룸으로 곧장 갈 테니 이따 보자."

펍 안에 들어서니, 남자들이 바글바글. 간간이 여자들도 보이지만, 오 후 5시밖에 안 된 시간을 꽉 채우는 이들의 대부분은 축구 광팬인 남 자들이었다. 빨간색 맨유와 하늘색 맨시티 유니폼이 눈에 띄는데, 그 중에서도 역시 맨유 유니폼이 많았다. 유니폼을 입지 않더라도 빨간색 티는 맞춰 입어주는 센스는 여기에서도 통용되는지, 온갖 티셔츠에 츄 리닝 가리지 않고 빨간 옷을 입은 사람들이 대형 스크린 가장 앞줄을 차지했다.

리빙룸 특유의 현장감은 프리미어리그 빅매치에서 더 뜨거웠다. 직접 경기를 보는 듯이 빵빵한 중계 사운드는 물론이고 볼터치 한 번에 터 져나오는 몇십 개의 함성. 그 와중에 당시 맨유에서 뛰고 있던 박지성

3:00 WEST BROM V CHELSEA
3:00 WEST HAM V ASTON VILLA
3:00 READING V LEICESTER
3:00 RANGERS V ST MIRREN
3:00 LEICESTER TIGERS
V GLOUCESTER (3:00)
5:00 ROMA V PALERMO
5:15 MAN CITY V MAN UTD
5:30 WERDER BREMEN
V SCHALKE 04
6:15 LLANELLI SCARLETS
V MUNSTER
7:45 AC MILAN V SAMPDORIA
7:45 PARMA V INTER MILAN
8:00 LEINSTER V ULSTER
8:40 AMIR KHAN
V PAUL MCCLOSKEY
9:00 REAL MADRID V BARCELONA

선수의 얼굴이 스칠 때마다 움찔움찔하게 되는 건 어쩔 수 없었다.

"맞다, 박지성 한국 사람이지? 진짜 잘해. 인기 많아?"

"장난해? 완전 슈퍼스타야. 박지성이랑 결혼하는 게 모든 소녀들의 꿈일걸?"

내가 가장 좋아하는 선수인 치차리토, 그리고 말이 필요 없는 자랑스러운 한국 선수 박지성. 여기저기서 질러대는 함성 사이에서 점점 경기에 심하게 몰입돼서 미칠 지경이었다. 외국인 친구들과 경기를 보고 있어서 처음에 감탄사 몇 마디는 영어로 나오더니, 맨유가 한 골을 먹는 순간 나도 모르게 한국어가 튀어나왔다.

"야 이씨! 뭐야! 아 저거 들어가면 어떡해!"

앞에 있던 맨유 팬 한 무리가 알 수 없는 언어로 들려온 소리에 놀랐는지 뒤를 돌아봐서 눈이 마주쳤는데, 서로가 약속이라도 한 것처럼 스크린을 향해 눈이 뒤집히도록 '뭐냐고 이게!' 하는 표정을 주고받았다. 크리스와 짐은 이미 경기가 끝난 것처럼 목숨 걸고 우리를 자극했다. 항상 다른 팀 팬과 중계를 볼 때 그렇듯, 속으로 '이제 한 골 터질 거니까 두고 보자, 역전할 거니까 두고 보자….' 하면서 스크린에 애써 시선을 고정했지만 속은 부글부글 끓었다. 맨시티 쪽으로 승기가 굳어지기 시작하면서 중계 카메라가 어깨동무하고 응원가를 부르는 관중석을 비췄는데, 그때부터 리빙룸 안에서도 맨시티 팬들이 어깨를 걸고 노래를 시작했다.

맨유가 선취골을 허용하고 고전하는 와중에도 팔은 안으로 굽는다고, 박지성 선수는 참 잘 뛰었다. 박지성 선수가 골을 잡을 때마다 중계하는 캐스터가 "박이 잡았습니다. 지성 박!" 하는데 내가 다 심장이 두근두근했다. 해외 중계 축구는 이미 많이 봐서, 맨유 소속으로 박지성이 뛰는 모습을 보는 게 새삼스러울 것은 없었지만 여기는 아일랜드 아니던가. 아일랜드 축구팀 선호도 조사에서 맨유는 매년 1위를 한다. 그 중심에서 뛰면서 펍을 채운 반 이상의 맨유 팬들을 볼터치 한 번에 환호하게 만드는 박지성 선수를 보니 흥분이 가라앉질 않았다. 내가 고등학생이었던 2002년 월드컵, 대표팀의 막내급 선수로 전국민의 귀요미였던 그가 뛰고 있는 진짜 유럽 무대를 확인한 느낌이었다.

마음 같아서는 "박지성이다!!" 하면서 매 순간 소리치고 싶었는데 다들 너무 진지해서 그러지는 못 하고 손발에 다 힘을 꽉 쥐고 조마조마하게 지켜봤다. 그러다가 박지성 선수가 태클을 심하게 당했는데, 그 순간 나도 모르게 "심판 뭐 해!" 하고 소리쳤더니 옆에서 친구들이 웃는다.

"엄마라도 된 기분이야. 못 보겠네 정말."

덩치 큰 외국 선수들 사이에서 뽈뽈거리며 야무지게 필드를 가르는 걸 보면 자랑스럽기도 하고 감동적이기도 한 느낌에 울컥하다가도, 깊이 들어온 태클에 넘어지는 걸 보고 나니, 곱게 키운 자식이 밖에서 얻어

터지고 온 걸 보는 부모 마음마냥 급 분노에 휩싸이는 나를 발견했다. 그 현장에서 축구를 관람하면 누구든 그렇게 될 수밖에 없을 것이다. 지구 반대편에서 맨유 팬들 사이에서 축구를 보는데, 한국 선수가 팀의 주축이 돼서 뛰고 있으니 오늘은 무조건 이겨야 돼! 하는 간절함이 점점 커졌다.

이러는 가운데 맨유 선수가 상대방 선수를 발로 찼다는 의혹(?)을 받고 레드카드를 받았다. 방심하고 화면 가득 훈남들 보면서 입 벌리고 앉아 있다가 날벼락 맞은 순간이었다. 펍 전체가 난리가 났다. 맨유 팬들은 괴성을 지르고 있고, 맨시티 팬들은 휘파람 불고 웃고 박수 치고….

"아까 박지성 태클한 게 훨씬 고의적이었어, 저거는 공 보고 찬 거잖아. 저게 왜 퇴장이야?"

앞뒤를 꽉꽉 채운 맨유 팬들이 절반은 욕을, 절반은 절망의 탄식을 했다. 사실 느린 화면으로 여러 번 보여주니 좀 고의성 있어 보이기도 했지만, 모든 경기 관전이 그렇듯 우리 편이 하면 사고, 상대편이 하면 퇴장감. 떼로 관전하는 스포츠 경기의 묘미란 이런 것 아니던가.

1:0 상황에서 야속하게 시간이 흐르고 인저리타임이 5분 주어졌다. 우리 편이 1:0으로 지는 상황에서 모두가 항상 생각하듯, '아직 시간 있어. 1분 남았어. 30초면 넣을 수 있어. 20초 있어!' 하며 손을 모으고 지

켜봤다. 그러나 기적따윈 일어나지 않았고 경기는 끝나버렸다. 허무하게 스크린에서 돌아앉아서 남은 맥주 들이키려는데 크리스가 또 깐족거리기 시작했다.

"말해봐. 누가 이겼지? 누가 이겼어?"

"(한국어) 몰라!"

"그래, 한국말로 맨시티가 이겼다고 한 거구나."

처음에는 재미로 보기 시작한 건데, 보다 보니 왠지 가슴속에서 뭔가가 부글부글 끓어올랐다. 원래 이렇게 깐족거리는 친구들이 있으면 보기 좋게 이겨줘야 마무리가 아름다운데, 90분 내내 한껏 이리 찔리고 저리 찔리고선 정말로 져버리다니. 슬슬 진심으로 짜증이 올라왔다. 이다음에 있는 FC 바르셀로나와 레알 마드리드 경기도 보고 싶었지만 오늘만큼은 각 팀 팬에게 자리를 양보하기로 하고 일단 펍을 나섰다.

허탈한 마음으로 마트에서 주섬주섬 장을 보고, 헛헛해진 마음을 달래려고 다시 템플바 지구로 나왔다. 에바와 친구들을 만나기로 한 펍으로 들어가 한참을 찾고 있는데, 누군가 내 팔뚝을 덥석 잡았다. 당황했던 마음이 얼굴을 보자마자 금새 반가움으로 바뀌었다. 언제 봐도 웃는 얼굴이 귀여운 바르셀로나 출신 바르셀로나 축구팬, 차비! FC 바르셀로나 유니폼을 입고 싱글벙글하는 걸 보니, 아마도 이번 엘 클라시

ESTD 1759
GUINNESS
MESS.RS
MAGUIRE
CRAFT BREWERS, DUBLIN
BOCK

코는 바르셀로나가 이겼구나 싶었다.

"차비, 안녕! 여기서 뭐 해?"

"나 에바랑 마띠야스 찾는 중이었어! 친구랑 술 먹다가."

"나도! 오늘 다 만나는 거구나. 오늘 바르샤 이겼어?"

"무승부였는데 상관없어. 진 건 아니니까 좋아."

"그래 좋겠다. 우린 무승부도 못 했어…. 맨유 졌어."

"그래서 니가 이 시간에 여기 있는 거구나. 일단 건배해."

차비를 붙잡고 오늘 경기 보는 내내 친구들이 얼마나 나를 약올렸는지 하소연도 하고, 새벽에만 보던 축구를 오후에 동네 펍에서 보는 게 한국 사람으로서 얼마나 즐거운 일인지도 쫑알쫑알 얘기했다. 새벽에도 일부러 경기를 찾아보는 사람들이 많다는 사실에 놀라던 차비가 한마디 던졌다.

"이왕 여기까지 온 거, 맨체스터 가서 보지 그래? 올드 트래포드에서 보고 가! 더블린하고 가깝잖아."

"그럴까?"

아무 생각 없이 대답하고 남은 맥주를 들이키는데, 고개가 올라갔다가 내려오는 사이에 이런저런 생각이 머리를 돌고 내려왔다. 말 되는데? 왜 지금까지 그 생각을 못 했지?

"차비, 나 진짜 갈까?"

"응, 가면 되는 거 아니야? 한국에서 더블린도 왔는데 더블린에서 맨체스터를 왜 못 가?"

"가야겠다. 나 진짜로 갈까 봐."

"가라니까 그러네. 바로 옆이 영국이잖아."

갑자기 무슨 깨달음이라도 얻은 듯이 머릿속이 꽉 찼다. 그래, 정말로 맨체스터를 가는 거야. 만날 입버릇처럼 '죽기 전에 저거 실제로 한번 봐야 되는데.' 했었는데 이런 기회가 내 인생에 다시 오겠어? 일부러 한국에서 패키지를 끊어서 경기 하나 보고 가는 사람도 있다는데 여기까지 와서 외면하면 도리가 아니지, 암! 처음으로 펍이 시시해졌다. 얼른 집에 가서 티켓도 알아보고 가는 길도 알아볼 생각에 조바심이 났다.

더블린에서 생활하면서 느낀 무료함이 좋아서 그 무료함을 즐기다가도 슬슬 이벤트가 필요했던 차에, 오랜만에 계획을 세워서 떠날 생각을 하니 반가운 기대감 같은 것이 차오르는 느낌이었다. 그래, 무작정 더블린도 왔는데 무작정 맨체스터로도 떠나봐야지. 가서 운이 좋으면 박지성 선수한테 싸인도 받고, 진짜 맨체스터 서포터들 사이에 껴서 글로리 글로리 맨유나이티드 응원가도 불러보는 거야.

당장 떠나자, '꿈의 구장' 올드 트래포드로!

펍에서 박지성을 외치다가　　　　　　　　　　187
성이 안 차던 어느 날

#18 맨유를 직접 봐야겠어!
　　무작정 맨체스터로

아일랜드 더블린과 영국은 부산에서 제주도처럼 페리가 있다. 맨체스터는 북서부에 있기 때문에 서쪽 홀리헤드 항구로 들어가서 기차를 타서 가는 것이 공항을 통하는 것보다 저렴하고 편리하다. 아이리쉬 친구들에게 물어보니 페리는 자주 이용하는 교통수단이고 내부도 깔끔해서 걱정 없이 출발해도 된다고 했다.

생각보다 페리는 아주 좋았다. 아니 비행기보다 훨씬 좋았다. 거대한 레스토랑의 편한 자리에 앉아서 한두 시간을 보내는 느낌으로 여행할 수 있었다. 문제는 이 페리에 타고 있는 수백 명의 승객들 중에서 동양인이 나 혼자였다는 사실. 그렇다 보니 시선도 엄청나게 받는다. 공항에서는 다들 어른이라 대놓고 쳐다는 못 보고 힐끗힐끗 보는 사람이 몇 있을 뿐이었는데, 페리에 순수한 어린아이들이 가세하니 정말 이글이글했다.

4인용 테이블에 나 빼고 여자아이들 셋이 앉았다. 한국도 여자아이들에게는 분홍색 옷을 많이 입히지만, 여기는 정말 심하다. 분홍 쫄바지에 분홍 티를 입고 분홍 머리띠에 분홍 운동화를 신었다. 마치 포토샵으로 작업해 한 색깔만 살려놓은 영상처럼 걸어다니던 아이들. 셋이서 나를 보며 속삭이면서 말은 걸지 못하고 어색해하기에 내가 먼저 말을 붙여봤다.

JONATHAN SWIFT
DUBLIN Swift
DUBLIN PORT C°

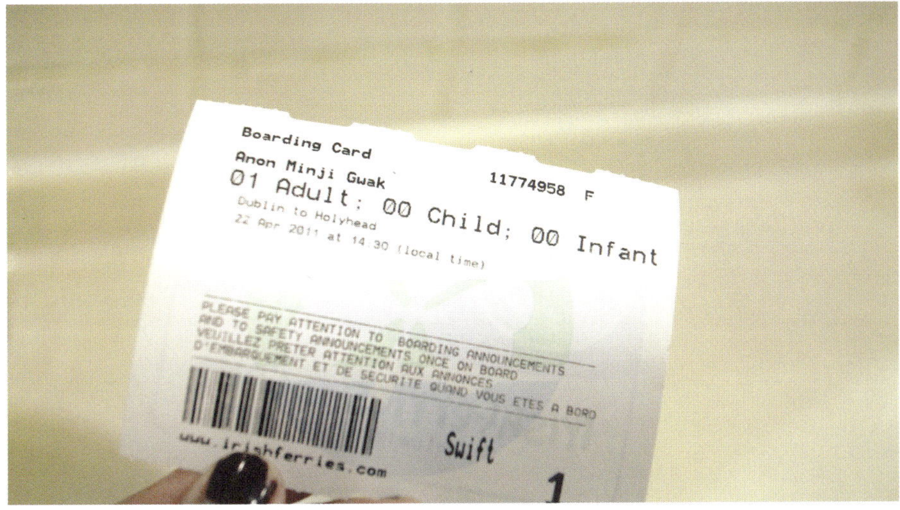

Boarding Card
Anon Minji Gwak   11774958   F
01 Adult; 00 Child; 00 Infant
Dublin to Holyhead
22 Apr 2011 at 14.30 (local time)
PLEASE PAY ATTENTION TO BOARDING ANNOUNCEMENTS
AND TO SAFETY ANNOUNCEMENTS ONCE ON BOARD
VEUILLEZ PRETER ATTENTION AUX ANNONCES
D'EMBARQUEMENT ET DE SECURITE QUAND VOUS ETES A BORD
www.irishferries.com
Swift
1

"어디 가니?"

"할머니네 집에요. 언니는요?"

"나는 축구 보러 맨체스터에 간단다."

"맨체스터에요? 에버튼전은 오늘이 아니라 내일이잖아요."

 9살쯤 되어 보이는 핑크공주의 입에서 '에버튼전은 내일이잖아요.'라니, 웰컴 투 유럽! 이 친구들에게는 축구가 일상이구나, 일행이라는 다른 테이블 가족들을 보니, 남동생인 것으로 보이는 아이가 맨유 유니폼을 입고 있다. 그러고 보니 가족 단위로 앉은 테이블에 형제가 여럿이면 꼭 한 명 정도는 맨유 유니폼이나 자켓을 입고 있다. 아일랜드에 맨유 팬이 많다는 걸 새삼 체감했다. 참고로 길에서도 아이들의 유니폼 차림은 많이 목격할 수 있는데, 등번호는 거의 다 10번, 웨인 루니다. 축구를 사랑하는 아일랜드 어린이들에게 초통령은 단연 루니!

 아이들과 이야기를 나누고 카메라로 이것저것 사진을 찍다 보니, 어느새 배는 영국 웨일즈 지역의 여객 항구인 홀리헤드에 도착했다. 배로 국경을 넘어보다니, 태어나서 처음 하는 경험! 물론 그 경계가 아일랜드와 영국이라 입국심사 따위 없는 평범한 항구의 모습이었지만, 나는 신기한 기분에 젖어서 열심히 사진을 찍었다. 이제 영국이다! 새벽잠을 쪼개가면서 TV로 보던 경기장에 이제 곧 입성이다. 영국, 앞으로의 며칠 잘 부탁해!

홀리헤드 항구에서 곧바로 기차역이 연결되어 있어서 어렵지 않게 잘 찾아왔다. 웨일즈 지역에서는 쓰는 지명이 미국식 영어와 다르기 때문에 들어도 내릴 곳을 놓칠 수 있을 것 같아서 얼른 노선도를 먼저 찍었다. 해외여행의 팁! 디카나 폰으로 노선도를 찍어두면 일일이 메모하지 않더라도 간단하게 중간중간 내 위치를 확인할 수 있어서 좋다.

기차를 확인하고 얼른 탔는데, 내 옆자리의 키 큰 청년이 물었다.

"친구랑 통화를 좀 해야 하는데, 혹시 영국 국가번호 아니?"

"영국? 가만 보자. 내 티켓 어딘가에 콜센터 전화번호 앞에 쓰여 있지 않을까?"

출력한 티켓들을 찾아봤지만 국가번호까지 기재한 전화번호는 찾지 못했다. 다행히 지나가는 역무원에게 물어서 듣고 나서야 통화를 시작할 수 있었다. 엿들을 생각은 없었지만 옆자리다 보니, 이 친구도 맨체스터에서 카우치서핑을 하려고 호스트와 통화중이라는 걸 알게 됐다. 맨체스터는 난생처음이라는 이 친구는 불가리아에서 와서 더블린에 산다고 했다. 부활절이 다가오는데 가족은 모두 불가리아에 있으니 영국 친구들과 신나게 놀아볼 생각이라고. 한참 이야기를 시작하려는데 이 친구가 먼저 내릴 역에 도착해 아쉽게도 헤어져야 했다.

불가리아 청년을 보내고 유리창에 머리를 기대고 나서야 창밖 풍경이 눈에 들어왔다. 웨일즈의 기차가 통과하는 길은 하나의 거대한 목장처

럼 평온하고 시골스러운 분위기였다. 어린 시절을 시골에서 보내보지
못한 나는 이런 곳을 그 어떤 번쩍이는 풍경보다도 좋아한다. 저런 작
은 가게들 중 하나에 들어가면 엄청 맛있는 식사가 나올 것도 같고, 어
떤 기괴한 식재료로 만든 음식을 시도해도 중박 이상은 갈 것 같다는
맹신을 갖고 있다.

라디드노(미국식 발음) 교차로 역에 내렸다. 작고 고요한 시골 마을 그
자체다. 이제 막 도착한 기차역에는 거짓말처럼 비가 내리기 시작했
다. 바람도, 폭우도 없이 조용히 젖어드는 기찻길의 모습이 한 장의 스
틸사진처럼 느리고 운치 있게 다가왔다.

원래는 비 오는 날씨는 싫어했었는데, 비와 너무나도 잘 어울리게 지
붕도 쳐진 플랫폼에서 기다리는 비는 그리 나쁘지 않았다. 벤치에 앉
아 있다가 나도 모르게 선로 가까이 네 걸음쯤 다가섰다. 비 냄새가 났
다. 빗방울이 머릿속을 적시는 듯한 차가운 느낌이 스몄다. 목적지에
닿는 순간까지도 여행일 수 있다는 사실은 행복하다. 누군가에게는 지
긋지긋할 우리 동네일 이곳이 지금 나에게는 조금 특별해졌다. 비 오
는 소리가 커지기 시작하는 걸 보니 빗방울이 굵어지는 중인가 보다.
조금 더 기다려도 좋으니, 20분 정도만 더 앉아서 이 기분을 이어갈 수
있었으면 하고 생각했다.

맨체스터 역에 도착해, 카우치서핑 호스트 스태프가 알려준 대로 버스

를 탔다. 어딜 가냐고 하기에 행선지를 말했더니 기사 아저씨가 잔돈을 거슬러주셨다. 영국 버스는 거스름돈을 받을 수 있구나! 기사 아저씨에게 내가 가려는 정류장 쯤에서 알려달라고 부탁드리고 기사석 부스 가까이에 손잡이를 잡고 섰다. 두어 정거장을 지나서, 술 취한 듯 보이는 한 남자가 지켜보고 있었다는 듯 다가왔다.

"네가 간다는 거기, 내가 데려다줄게. 여기서 내려!"

"괜찮아요. 여기 버스기사님이 제가 내릴 정류장을…."

"거기 어딘지 안다니까. 지금 나랑 함께 내리면 된다고."

정류장에 다다라서 기사 아저씨가 차를 세웠다. 함께 내리자고 눈짓을 하는 남자에게 됐다고 말을 하려는데, 아저씨가 말을 가로막았다.

"이 아가씨가 나한테 간다고 말한 곳은 여기가 아니야. 당장 내려!"

"지금 나는 이 아가씨한테 말을…."

"내리라고. 이 아가씨는 여기서 내리지 않을 거야."

크고 단호한 아저씨의 목소리 때문에 버스 안은 정적이 됐다. 나와 아저씨를 번갈아 바라보던 남자는 마지못해 내렸다. 그제야 상황파악이 된 나는 혹시 그 남자가 창밖에서 욕이라도 하고 있진 않을까 지레 겁을 먹고 반대쪽으로 고개를 돌렸다.

"이다음에 내리고, 앞만 보고 쭉쭉 걸으면 큰길가에 있는 집일 거야. 지나가는 차가 소리지르거나 해도 신경쓰지 말고 계속 걸어가렴."

아저씨는 내리는 순간까지 걱정스러워운 표정으로 나를 보냈다.

그때 눈치챘어야 했는데. 맨체스터는 에너지가 조금은 과하게 넘쳐나는, 열광적인 도시였다. Madchester는 맨체스터를 중심으로 유행했던 음악 장르를 말하기도 하지만, 그런 맨체스터의 분위기를 비아냥거리며 별칭이기도 했다. 오후 5시만 돼도 길거리 펍 테라스에는 술 취한 젊은이들이 모여서 지나가는 행인에게 소리를 질러대기도 하고, 저녁 늦도록 길거리에서 고성방가가 이어지기도 했다. 더블린이 포근한 시골 할머니집 같다면, 맨체스터는 화끈하게 잘 노는 옆집 언니네 같았다. 매력적이었지만 한순간에 적응하기는 쉽지 않은 곳이었다.

 꿈의 구장,
맨체스터 유나이티드 올드 트래포드의 함성

경기날 아침.

카우치서핑 호스트 스태프에게 감사 엽서와 함께 한국을 상징하는 작은 선물을 두고 집을 나섰다. 어제 만난 스태프와 친구들은 과격한 도시 맨체스터에 정착한 청춘들답게 유쾌하고 화끈했다. 스웨덴에서 온 애니는 학교를 다니면서 아이 봐주는 아르바이트를 하는 중인데, 유모차를 끌고 나와 아이들 바람을 쐐주는 산책로에 맨시티와 맨유 선수들이 가끔 나타난다고 했다. 하지만 정작 경기장에 갈 엄두는 내질 못해서 직접 유니폼 입고 뛰는 모습은 잘 못 봤는데, 맨유의 프리미어리그 우승이 반 정도는 확정된 이 좋은 분위기에 티켓을 구해 온 내가 부럽다고 했다. 물론 나는 산책 도중 선수들과 마주친다니, 경기 관전 따위가 대수냐고 애니를 부러워했다. 맨시티 팬인 애니와 맨유 팬인 나, 그리고 맨체스터에 살면서 그들의 경기 역시 일상이 된 친구들과 흥분되는 대화를 하고 일어난 경기날 아침, 경기장에 갈 생각에 마음이 급했다.

짐을 호스텔에 맡겨놓고, 올드 트래포드 경기장으로 가는 길을 프론트에 물었다. 쥐어준 약도를 들고 길 이름을 손으로 더듬어가며 조심조심 골목을 나왔다.

아, 이제부터 정신을 똑바로 차리고 길을 찾아보자 하는 순간!

눈앞에 맨유 유니폼을 입은 사람들이 여기저기에서 한 방향을 향해 건고 있었다.

그랬다. 내가 있는 곳은 축구도시 맨체스터, 그리고 오늘은 맨유의 홈 경기가 있는 날. 올드 트래포드로 향하는 붉은 악마(Red Devil, 우리나라 대표팀과 같이 맨유도 홈팬들을 붉은 악마라고 부른다)들이 각 건물에서 나와 거리를 채우고 있었다. 지도도 안내도 필요 없었다. 올드 트래포드로 가는 수백 개의 네비게이션, 맨유 유니폼을 입은 맨체스터의 붉은 악마들!

시뻘건 인파를 따라 트램 역에 가서, 시뻘개진 트램에서 시뻘건 무리들이 내려서는 또다시 시뻘건 대열을 만들면서 경기장으로 향하고 있었다. 나도 청바지에 빨간 티를 입고 구색은 맞췄더니 왠지 혼자지만 경기장 가는 마음이 좀 든든했다.

경기장 입구에는 선수들 이름과 얼굴, 맨체스터의 상징들로 만든 각종 상품들을 파는 가게가 즐비했다. 오늘 날짜와 양팀 로고가 마킹된 응원용 머플러도 있었다. 일생에 한 번일지도 모른다는 마음으로 전 세계에서 모여든 관광객이 워낙 많으니, 그중에는 오늘을 기억하고 싶은 사람들이 분명 많으리라는 것을 캐치한 마케팅 전략!

여기까지 왔는데, 치차리토 유니폼은 사야지 하는 마음에 메가스토어(맨체스터 유나이티드 공식 기념품샵)로 향했는데, 입구에 열 줄 정도의 기나긴 행렬이 이어져 있었다. 알고 보니 그 여러 개의 긴 줄은 모두

메가스토어에 들어가려는 손님들 줄이었다.

경기 시작 후 전광판을 통해 알게 된 일이지만, 이날 에버튼전에는 관중 7만 3,500명이 경기장을 꽉 채웠다. 그중 10%만 메가스토어를 들렀다 해도 7,000명이 넘으니, 짐작 가능한 사태.

내 뒤로 일본인 가족이 오더니, 기념품샵 들어가는 데에 이렇게 오래 걸린다는 게 말이 되느냐며 답답해했다. 일본에 생활할 때 느꼈지만 일본 사람들도 어디서 뭐 기다리는 데에 있어서는 보살 수준인데, 내 돈 주고 기념품 사러 들어간다는데 끝없이 기다려야 한다니 당황스러운 건 마찬가지인가 보다.

메가스토어에 힘들게 진입하자 입구에 자랑스러운 박지성 선수가 보인다. 메가스토어에는 안 파는 게 없다. 유니폼은 기본, 침대시트, 컵, 반바지, 원피스, 장난감…. 심지어 올드 트래포드를 집에서 키워보라며, 구장 잔디 씨앗까지 판다.

메가스토어에 와보면 선수의 연령별, 성별별 인기를 가늠할 수 있다. 슈퍼스타 루니는 유아용 사이즈부터 여성용, 남성용 모두 꽉꽉 들어차 있다. 이적한 지 얼마 안 된 치차리토도 폭발적 숫자의 여성팬을 증명하듯 역시나 여성용 유니폼이 날개 돋힌 듯 팔려나갔다. 서너 명을 제외한 선수들은 보통 남자 기준 사이즈로만 진열되어 있다. 우리나라 아이돌의 인기 척도가 치킨 광고라면, 맨유 선수들의 인지도를 나타내

꿈의 구장,
맨체스터 유나이티드 올드 트래포드의 함성

는 건 어린이용과 여성용의 진열 여부가 아니겠나 싶었다.

죽기 전에 언제 여길 또 와보겠나 싶어 이것저것 기념품과 옷을 고르고 입는 사람들 틈에서 정신없이 구경을 했다. 계산대 앞의 또 다른 기나긴 줄에 합류한 후 정신을 차리고 보니, 내 손에는 치차리토 유니폼과 맨유 머플러가 들려 있었다. 그러면서도 내 계산 순서가 올 때까지 더 샀어야 하는 건 아닐까, 나중에 후회할 아이템은 없었나 몇 번이고 뒤돌아봤다. 한 푼이라도 아끼겠다고 티셔츠 하나도 아껴 사던 나인데, 역시 팬심이란 잠재돼 있던 소비괴물을 소환하는 무서운 존재다.

드디어 경기시간이 다가오고, 올드 트래포드로 진입했다. 그 순간을 어떻게 잊을 수 있을까? 마치 영화 속 한 장면처럼 알 수 없는 배경음악과 함께 머릿속에 담기고 있었다. 올드 트래포드, 축구팬의 성지, 꿈의 구장. 바로 그 올드 트래포드!

경기장은 당연히 단 하나의 공석도 없이 빼곡하게 채워졌다. 전광판에서는 아들과 연인의 생일을 축하하는 팬들의 메시지가 나오고 있었다. 한편, 붉은 물결 속에서 어색하게 2층 테라스석 모퉁이를 차지하는 어웨이 관중석이 눈에 들어왔다. 만일의 사태를 대비해서 경찰까지 쫙 갈려서 홈 팬들과 이들을 구분하고 있었다. 그야말로 쥐꼬리만 한 구역! 2002년 한일 월드컵에서 한국을 상대한 팀들이 느꼈을 소외감을 여기에서는 매번 느끼겠지? 자고로 가장 큰 홈어드밴티지는 서포터의 함성 아니던가. 경기장을 일방적으로 압도하는 응원 속에서 경기할 선수들이 부럽고 든든했다.

눈앞에서 몸을 푸는 선수들을 입 벌리고 바라보는 사이, 어느덧 경기가 시작되었다. 내가 보고 있는 이 광경이 현실인지 실감이 나지 않아서 몇 번이나 눈을 껌뻑이게 하는 올드 트래포드에서의 첫 관전!

맨체스터 유나이티드가 잘한다 잘한다 해도, 경기를 TV가 아닌 눈으로 보고 있으니 알던 것 그 이상이었다. 내 자리 주변 아저씨들은 여느 축구팬들이 그렇듯 마치 자신이 감독인 양 이것저것 훈수를 놨다. 그런데 '에반스한테 줘야지!' 하면 패스가 에반스에게 가고, '뒤로 빼버려!' 하면 공을 뒤로 빼는 모습이 펼쳐졌다. 마치 경기장 전체를 보면서 축구게임을 조작하는 것처럼, 위에서 본 관중이 생각하는 최적의 시나리오대로 게임이 흘러가는 모습이라니. 월드클래스를 직접 눈으로 감상하는 것은 놀라움 그 이상이었다.

좀처럼 골이 터지지 않아서 징징대는 서포터들 사이에서, 어떻게 온 기회인데 꼭 골 넣고 이기는 장면을 보게 해달라고 손을 모으고 지켜본 지 몇십 분이 흘렀을까. 내 사랑 치차리토가 헤딩으로 골을 넣었다! 골이 터진 순간, 나도 모르게 한국말로 '어떡해!' 하고 외치며 일어났다. 앞 뒤 옆 사람들과 함께 흥분된 순간을 나누며 내가 낼 수 있는 가장 큰 괴성을 지르면서 방방 뛰었다. 일행 없이 혼자 와서 수다도 못 떨고 경기를 지켜보면서 알게 모르게 느꼈던 외로움을 단번에 토해내기에 충분한 순간! 치차리토가 뛰는 구장만 봐도 좋다, 출전선수 명단에 없더라도 상처받지 말자 다짐하며 들어온 올드 트래포드에서 치차리토의 한 골로 이기는 순간을 보게 되다니!

순식간에 경기는 종료됐고, 선수들이 경기장에서 완전히 사라질 때까지 관중들은 기립박수를 보냈다. 다들 썰물처럼 빠져나가기 시작했지만, 나는 발길조차 돌리지 못하고 경기장만 바라본 채 멍하니 서 있다가 옆에 앉은 사람이 발길을 재촉하는 바람에 하는 수 없이 경기장을 빠져나왔다.

차마 곧바로 집에 돌아가지 못하고 경기장 벽을 따라 서성이다가 용도 모를 출입구 주변에 서 있는 아저씨를 보고 멈췄다. 혹시나 여기로 감독이나 선수가 드나드나 싶어 용기 내 말을 걸었다.

"누구 기다리세요?"

"난 그냥 화장실 간 아들 기다려. 혹시 너 선수들 보고 싶어서 그러니? 그럼 경기장 끼고 삥 돌아서 저 끝으로 가보렴. 선수들이 다 저쪽으로 나와서 집에 간단다."

"정말요? 저리로 가면 있다는 거죠? 감사합니다!"

만약 정말로 선수들 나오는 머리꼭지라도 가까이서 보는 행운이 기다리고 있다면, 나는 저 아저씨를 하늘에서 보내주신 천사라고 생각하고 무병장수를 빌어주리라 다짐하며 부리나케 달려갔다. 이미 구름같이 몰려든 사람들, 이래서는 장대를 타지 않는 이상 정수리도 보지 못하겠다 하며 터덜터덜 다가갔던 이곳에 일생일대의 행운이 기다리고 있을 줄이야!

WEST STAND
KEEP LEFT

ODS IN
EMERGENCY EXIT
KEEP CLEAR
NO PARKING AT
ANY TIME
MX 15

WARNING
STEPS
DON'T PUSH

#21 그에게 고백하다!

개미떼처럼 많은 사람들 사이, 까치발을 들고 누가 나오는지 보려고 아등바등했지만 좀처럼 사람들은 비켜날 줄 몰랐다. 선수들이 나오는 출구 양쪽으로 허리 높이의 게이트가 쳐져 있었고, 사람들은 그 바깥에 서 있었다. 선수가 나올 때가 되면 발렛주차 요원처럼 그 선수의 차를 누군가가 운전해서 세워두고, 막 출구를 나온 선수들은 게이트 밖에서 종이를 들고 기다리는 사람들에게 싸인을 해주고 나서 차에 올랐다. 그렇게 두세 명이 경기장을 빠져나가고, 흥분한 사람들에게 밀리고 밀리기 시작했다. 앞에 아이가 있는데 사람들이 너무 거세게 밀자, 아이의 형으로 보이는 청년은 아이가 있으니 더는 밀지 말아달라고 소리쳤다. 그렇게 밀치고 물러서고 하는 사이 폴 스콜스가 지나갔다. 무심한 성격대로, 기대는 하지 않았지만 역시나 싸인도 하지 않고 지나쳤다.

그러는 사이 퍼디난드가 등장. 사람들이 그를 보겠다고 갑자기 확 밀치는 바람에, 나는 꽤 앞까지 밀려나갔다. 특히 내 앞에서 싸인을 하느라 스쳐 지나가는 사이에 흥분한 인파는 게이트 바로 앞에 나를 세워놓는 꼴이 됐지만 퍼디난드는 이미 저쪽으로 넘어가버려서 싸인은 받을 수 없게 됐다.

눈앞에서 퍼디난드를 놓치다니! 하는 순간, 내 뒤에 있던 꼬마가 "치차!" 하고 소리쳤다. 그리고 정말 거짓말처럼, 치차리토가 나를 향해 걸어오고 있었다.

이적 첫해부터 감독과 팬들의 신임을 얻은 에이스, 오늘 승리의 주역, 유일한 득점 선수 하비에르 에르난데스. 일명 치차리토! 멕시코가 사랑하고 세계가 주목하는 스트라이커이자 나를 맨체스터까지 오게 만든 희대의 매력남!

그가 '나 오늘 골 넣은 남자지롱!' 하는 표정으로 싱글벙글 웃으며 내 쪽으로 걸어오고 있었다. 오늘 올드 트래포드를 채운 7만 3,500명의 관중을 단번에 기립하게 한 그를 코앞에서 만나게 되다니! 상상조차 해본 적 없던 일이 나에게 벌어지고 있었다.

그 순간, 나는 이성의 끈을 어떻게든 더듬어서 잡으려고 노력했다.

'그가 지금 내 앞에 왔어. 어떡하면 좋지? 싸인, 싸인을 받자. 어디 보자, 가방 속에 뭐라도 있을 텐데….'

내 손이 커다란 숄더백 안을 허우적대는 동안, 치차리토는 저 끝부터 팬들에게 싸인을 해주며 다가오고 있었다. 그를 향해 뻗어진 수십 개의 손이 쥔 모든 종이에 싸인을 다 하기란 역부족이었기 때문에, 그는 듬성듬성 건너뛰면서도 최대한 많이 싸인을 해주려 애썼다. 그런 그가 코앞까지 왔을 때, 나는 가방에서 우연히 잡힌 수첩 하나를 펼쳐서 내밀었다. 그게 무슨 물건인지는 집히는 감으로 이미 정확히 알고 있었지만, 나에게는 다른 대안이 없었다.

그건 다름 아닌 여권! 하필 내 손에 쥐어진 채 손가락으로 페이지를 활짝 열어 치차리토를 향해 펼쳐진 그 종이는 대한민국 여권이었다. 여기저기서 뻗어오는 종이 주인을 확인할 겨를도 없이 싸인을 하기 바빴던 치차리토가, 여권을 발견하곤 놀란 표정으로 내 손을 따라 시선을 움직였다.

치차리토와 눈이 마주쳤을 때, 나는 나도 모르게 그에게 말했다.

"저 치차리토 선수 보려고 한국에서 왔어요!"

그러자 치차리토의 이마가 씰룩대며 올라갔고, 그제야 여권을 왼손으로 붙들고 그 위에 싸인을 하며 말했다.

"정말요?"

"네! 완전 사랑해요!"

"나도요. 고마워요."

세상에, 치차리토와 대화를! 머리 뒤통수라도 볼 수 있으면 여한이 없겠다고 생각한 우상과 이야기를 나눴다는 게 도저히 실감이 나지 않았다. 사실 이 나이에 좋아하는 축구 선수 앞에 가서 '사랑해요!'라니, 친구들이 있었으면 당장 창피하다고 날 버리고 돌아가버렸을 일이다. 하지만 여행에 나중이 어디 있던가? 그에게 팬이 던진 '사랑해요!'라는 말이 얼마나 의미를 갖겠냐만은, 적어도 나는 치차리토에게 사랑고백을 해본 여자가 될 수 있다는 것에 어마어마한 의미가 있단 말이다.

치차리토가 한동안 싸인을 해주고 떠난 후에야 나는 여권에 있던 그의 싸인을 확인했다. 내 옆에서 아버지 목마를 타고 선수들을 지켜보던 아이가 말했다.

"누나, 거기에 싸인을 받은 거예요? 완전 멋있는데."

"그렇지? 여권에 낙서하면 안 되는데 누나 이제 큰일 났다."

"그래도 멋있어요."

이후 웨인 루니, 조니 에반스가 줄줄이 나왔고 나는 여권의 다음 페이지, 그다음 페이지까지 싸인을 받고 말았다. 여행중 한 가장 멍청한 짓이지만 지금 시간을 돌린다고 해도, 눈앞에 치차리토와 루니가 다시 나타났을 때 가진 종이가 그것뿐이라면 여권이 아니라 조상 대대로 내려오는 족자라도 내밀었을 게 뻔하다. 덕분에 나는 한국에 돌아오기 전까지 방문하는 모든 나라의 입국심사대에서 제발 걸리지 않기를, 이 여권 페이지를 문제 삼아 어디 들어가서 조사라도 받는 일이 벌어지지 않기를 간절히 바랐다.

실제로 스웨덴 스톡홀름에서 친구를 만나고 더블린으로 돌아오던 어느 날, 험상궂은 얼굴을 하고 있던 입국심사원이 여권을 보고 인상을 찌푸렸다.

"이거 뭐죠?"

순간 뭐라고 변명을 해야 할지 오만 가지 생각이 교차했다. 하지만 모국어가 아닌 영어로 긴장된 상태에서 설명해야 하는 내가, 여기서 거짓말까지 지어내기 시작한다면 의심스럽지 않게 말할 수 있을 리 없었다. 결국 눈 질끈 감고 한숨 한 번 쉬고, 입국심사대에서 커밍아웃에 가까운 이실직고를 했다.

"사실은…. 제가 맨체스터 유나이티드의 팬인데요. 지난주에 올드 트래포드에 다녀왔어요. 그런데 상상조차 못 했는데, 갑자기 눈앞에 선수들이 나타나는 바람에 종이는 없고…."

"뭐라고? 그럼 이게 맨유 선수들 싸인이란 말이니?"

'그래도 저는 의심스러운 사람은 아닌데요.' 하는 겁먹은 표정으로 고개를 끄덕였는데, 아저씨는 옆자리에 앉은 다른 입국심사원을 툭 치면서 내 여권을 보여줬다.

"야, 이거 맨유 선수 싸인이래. 완전 짱이다. 지난주에 받았대! 이거 누구 거니?"

"치, 치차리토요."

"또 있어?"

"그 뒷장에 루니, 그다음 장에는 조니 에반스…."

"세 명 싸인을 다 여권에다가 받았어?"

"네, 그러면 안 되는 건 알고 있었는데…."

"무슨 소리야, 당연히 잘 받았지! 맨유 선수 싸인이라니, 나도 받고

싶다!"

이 아저씨, 혹시…. 내 추측이 맞았다. 옆에 있는 직원에게 싸인을 보여
주며 흥분하는 입국심사원의 얼굴은 마치 빅뱅 친필싸인 CD를 구경하
는 지방팬의 그것과 같았다. 그 눈에 비친 부러움과 동경이란…. 한껏
상기된 얼굴을 한 아저씨는 나에게 입국과 관련된 여행 사실에 대한 일
체의 질문을 하지 않고, 다만 스웨덴이 마음에 들었는지, 음식은 입에
맞았는지 물었다. 그러고 나서 행운을 빌어주며 스웨덴 출국을 승인했
다. 전 세계에 서포터를 둔 팀의 위엄, 위기에서 날 구한 나의 맨유!

그날 이후 나는 맨유의 다음 홈경기 티켓을 낱낱이 뒤졌다. 박지성 선
수를 보지 못하고 온 것이 두고두고 마음에 남았기 때문이기도 하고,
내 방 한편에 걸어둔 치차리토의 유니폼을 볼 때마다 저기에 싸인을
받았어야 한다는 의무감이 고개를 쳐들었기 때문이다. 맨유의 프리미
어리그 우승이 확실시되던 시점, 블랙풀 경기가 예정되어 있었다. 나
는 축구를 좋아하는 룸메이트 은영이랑 아일랜드 정보를 알아보다 알
게 된 블로거 문경이까지 꼬셔서 다시 올드 트래포드행을 결정했다.
이번에는 싸인받을 유니폼까지 단단히 챙겨서, 다시 맨체스터행 배를
탔다.

DELAY
king sít
FISH RESTAURANT & ACCOMMODATI

#22 역사적인 술집 템플바에서 함께한
역사적인 도전의 현장

더블린에 대한 이야기를 여기저기 하고 다니던 시절, 친구가 더블린 공항에서 단 몇 시간 동안 짬이 생기면 어디를 가야 하느냐고 물었다. 그야 물론 템플바지! 시내까지 30분이면 가니까 템플바에 가서 아이리쉬 음악을 들으면서 맥주 한 잔을 하고 두어 시간 보내다 돌아오면 된다고, 그것이 아일랜드의 전부는 아니겠지만 50%는 경험한 셈일 거라고 감히 이야기했다.

더블린 2지역에 위치한 거리 템플바. 17세기 초 트리니티 대학 학장을 지낸 윌리엄 템플의 집이 있던 곳이다. 18세기에 펍들이 들어서기 시작해, 이후 1960년대부터 상인들과 예술가들까지 정착하면서 가장 더블린스러운 거리가 됐다. 그중에도 실제 이름도 템플바인 이 펍에 대해 혹자는 너무 관광객스러운 곳이라고 평하지만, 여전히 더블린을 대표하는 유일무이한 펍임에는 변함이 없다.

'더블린에는 이방인이 없다. 아직 대화해보지 않은 친구가 있을 뿐.'

더블린에 외국인도 참 많지만, 템플바에 오면 그 외국인들을 포함한 모든 더블리너들이 이 말을 지키며 산다는 것을 알 수 있다. 로마에 오면 로마 법을 따르라고 하던가, 더블린에서는 모두가 나름의 더블린스러운 생활 방식으로 살고 있다. 적어도 이 템플바 지구에서는!

나의 더블린 라이프에서 중요하고 소소했던 일과 중 하나는 템플바를 드나들면서 저녁마다 음악을 듣고 맥주 한 잔 하면서 사람들 틈에 끼어

역사적인 술집 템플바에서 함께한
역사적인 도전의 현장

있는 일이었다. 현실이 된 꿈같은 하루하루, 하지만 항상 현실임을 실감할 수 없을 정도로 행복했던….

그러던 중 흥미로운 이야기를 듣게 되었다. 템플바에서 연주하는 기타리스트 데이브 브로운이 기네스북 경신에 도전한다는 것. 바로 100시간 동안 기타 치기!

데이브는 템플바에서 다른 세션들과 함께 아이리쉬 음악부터 록까지 다양한 장르의 노래를 연주한다. 알려진 기네스 기록은 100시간 연주라서, 실제로는 101시간을 연주하게 된다고 했다.

생각보다 일을 크게 벌이는 듯 보였다. 시내 기념품샵에는 이 행사에 대한 기념 티셔츠가 판매되고, 스티븐스 그린 쇼핑센터 주변에는 사람들이 전단지를 돌리며 홍보를 하고 있었다. 뉴스에는 데이브는 물론 세션과 템플바 스태프까지 인터뷰가 나왔다. 음악의 도시 그리고 기타의 도시 더블린에서 더블린 아티스트가 세계 신기록에 도전한다니 엄청난 이벤트가 아닐 수 없다. 그것도 템플바에서, 심지어 바로 그 '템플바' 펍에서!

연주는 일요일에 시작되었다. 월요일 저녁쯤 가보니 30여 시간이 지난 상황이었다. 42세의 기타리스트는 힘든 기색 없이 모든 연주를 완벽하게 해내고 있었다. 더블린 펍에서 노래를 듣는 일이 행복한 이유는, 그들 역시 펍에서 만난 친구의 일원이라는 사실이다. 더블린 음악가들은 항상 마이크대 옆에 있는 작은 홈이나 앞에 놓인 테이블에 기네스 한 잔을 놓고는, 연주 중간중간 마시고 가끔은 건배도 하면서 연주를 한다. 그리고 본인의 연주가 끝나고 다음 연주자가 오면 무대에서 내려와 나머지 손님들과 함께 술을 마신다. 기네스 기록 확인을 위해 관계자들이 각종 서류와 컴퓨터를 놓고 시간을 재고 기록하고 있었는데, 그들 역시 각종 맥주를 앞에 두고 어깨를 들썩이면서 함께했다.

그다음에 한 번 더 들렀을 때는 피리와 바이올린 세션이 함께 아이리쉬 음악을 연주했다. 피리 불면서 노래도 하는 저 총각, 템플바에 갈 때마다 여성분들과 이야기하느라 바쁘시다. 한쪽에 기네스 꽂아놓고 아가씨들과 눈이 마주칠 때마다 윙크에 건배에 바쁘게 해가며 노래하는 가수 겸 연주자. 그리고 내가 가장 좋아하던 금발의 아이리쉬 바이올리니스트. 노래 한 곡이 끝나면 바이올린 활에서 끊어진 실들을 정리해야 했을 만큼 열정적인 연주를 선보였다. 바이올린이 펍에서 이목을 끌 수 있는 악기라는 걸 나는 아일랜드에 와서 처음 알았다. 심지어 외모까지 미인인 그녀는 눈이 마주칠 때마다 방긋방긋 웃는 바람에 노래 한 곡이 끝나기도 전에 나는 완전히 팬이 되어버렸다.

그 모든 일이 일어나는 동안에 데이브는 쉬지 않고 기타를 쳤다. 1시간에 5분씩 쉴 수 있었는데, 한번 올라가면 몇 시간이고 내려오질 않았다. 마지막에 쉴 때 대충 헤아려보니 한 10시간은 쉬지 않고 쳤던 것 같다. 놀라운 것은 모르고 온 손님이 봤을 때는 전혀 기네스북 도전이란 걸 눈치채지 못할 만큼 완벽한 음악을 계속해서 들려주고 있다는 것이었다. 중간중간 기타 솔로도 있고, 시간만 때워서 기록을 깨는 연주와는 격이 달랐다.

모두가 그런 그를 열심히 응원하며 매 곡이 끝날 때마다 뜨겁게 환호했고, 그러면 데이브는 또다시 훌륭한 연주로 이에 화답했다. 나도 열심히 리듬에 맞춰서 몸을 흔들면서 음악을 듣다가 눈이 마주치면 꼬박꼬박 엄지손가락을 치켜들었다. 이런 즐겁고 아름다운 순간을 함께할 수 있다니, 링에서 선전하는 선수를 바라보는 코칭스태프처럼 뿌듯함 반, 걱정스러움 반으로 조바심을 내며 지켜봤다.

어느새 시간이 많이 지나, 98시간을 앞두고 있었다. 저녁 7시에 도전이 끝나는 것으로 알고 있었기에 일부러 5시쯤 펍에 도착했다. 이날 친구들 모두와 기네스북 경신 현장을 지켜보려고 일부러 템플바를 약속장소로 잡았다. 시계가 98시간이 경과되었음을 알리고 있었고, 모인 사람들 모두가 두근거리는 마음으로 그 현장에 있었다. 다들 함께 춤추고, 노래하면서 분위기는 최고조에 다다랐다. 데이브가 몇 번 없는 휴식을 취하러 내려간 사이 데이브와 함께 자주 공연하는 가수가 올라와서 사람들에게 데이브를 응원해달라고 소리쳤고, 모두가 환호성을 지

역사적인 술집 템플바에서 함께한
역사적인 도전의 현장

eef Rolls
Times
0.00pm
OWNE
1

르면서 화답했는데, 이때 그녀가 청천벽력 같은 소식을 전했다.

"미국의 한 기타리스트가 100시간의 벽을 깼다는 소식을 접했습니다. 113시간을 연주해서 기네스북에 올랐습니다. 이제 제 친구는 114시간을 연주해야 합니다. 원래는 잠시 후에 끝날 도전이었지만, 내일 아침 10시가 되어야 기네스북에 오를 수 있습니다. 여러분, 데이브를 함께 응원해주세요!"

걸걸하고 당찬 그녀의 목소리가 조금 떨리는 것처럼 느낀 건 나뿐만이 아니었으리라 생각한다. 2시간 후면 끝날 것이었던 도전이 다음 날 아침 10시로 미뤄지다니! 새벽 3시면 문을 닫는 템플바에서의 도전이다 보니, 결국 새벽 3시 이후엔 관객 없이 밴드와 기네스 관계자와 기록용 카메라만을 앞에 두고 외로운 싸움을 해야 했다. 그 힘든 시간을 다시 한 번 겪어야 한다는 것이었다. 마이크 앞에 앉은 여가수는 "데이브, 해내라! 데이브, 해내!(Dave, do it! Dave, do it!)"를 외치며 한 손을 들었고, 사람들은 함께 "Dave, do it!"을 목청 터져라 외쳤다.

그때 아일랜드 유니폼으로 갈아입은 데이브가 아일랜드 국기를 들고 올라와 다시 무대 위에 서서 힘차게 연주를 시작했고, 사람들은 함께 소리치고 제자리에서 뛰면서 그를 응원했다. 그때 문득 시야가 흐려졌다. 힘차게 연주하는 데이브의 모습과 그의 어깨에 얹어진 아일랜드 국기가 어딘지 모르게 뭉클하게 와닿았기 때문이리라. 원래는 오늘 도전이 끝나지 않는다면 금방 나갈 생각이었지만, 그 자리를 떠날 수가 없어서 나와 친구들 모두가 한동안을 함께했다. 중간중간 연주자나 사람들과 눈이 마주칠 때마다 서로 무슨 생각을 하는지 알 수 있을 만큼 템플바 안 분위기는 알 수 없는 동지애로 불타올랐다. 템플바에서 미리 제작한 데이브 가면과 기념 티셔츠가 펍 안에 돌기 시작했고 다들 손에 데이브 가면을 하나씩 들고 환호했다. 어처구니없이 닥쳐온 위기였지만, 언제나 그렇듯 아일랜드 사람들 특유의 유머러스함으로 유쾌하게 함께 이겨내자고 다짐이라도 하듯이.

더블린에 온 이후 여행을 떠나는 날이 아니면 단 한 번도 알람을 맞춰놓고 잠들지 않았지만, 이날 거의 처음으로 알람을 켰다. 데이브의 기네스 기록 경신 순간을 어떻게든 함께 지켜보고 싶었다. 철저한 오후형 인간이 되어 있었기 때문인지 일어나는 몸이 천근만근이었지만, 불굴의 의지로 제시간에 템플바에 도착했다.

데이브가 기네스 기록 순간을 몇 없는 관객과 맞을지도 모른다는 내 우려와 달리, 그 시간에 일부러 기를 쓰고 참석한 수많은 데이브의 관객들, 아니 동지들이 거기 있었다. 평일 아침 그 시간에 템플바라니, 일부러 알고 찾아왔다고밖에는 생각할 수 없는 의리쟁이들이 템플바 안을 자정의 그곳처럼 완벽히 메웠다. 맥주 대신 커피가 들려 있다는 점이 다를 뿐, 펍 안에서의 열기와 모여든 관객의 수는 여느 토요일 밤에 뒤지지 않았다. 그 어느 나라에서 가능하랴, 9시 반, 모두가 출근했을 시간 바글바글 펍에 모여서 한 손에 모닝커피를 들고 춤추는 아침!

기록을 재는 카운팅 시계는 113시간을 가리켰고, 며칠간 데이브의 도전을 지켜본 손님들과 스텝들은 간간이 눈인사를 할 정도로 서로가 눈에 익었다. 무대에서 연주하는 사람들도 사람들과 한 명 한 명 눈을 마주치며 고마움이 섞인 아침인사를 하는 중이었고, 그 모든 것들이 일어나는 사이에도 노래는 멈추지 않았다. 창밖에는 지나가는 관광객들이 혀를 내두르며 쳐다보고는 사진을 연신 찍어대고, 방송사 카메라는 며칠 전부터 이미 대기중이었다. 우리 모두는 시계가 114시간을 가리키기만을 기다리며 흥분된 마음으로 춤추고 노래했다. 기록 경신의 순간이 다가오자, 데이브는 아일랜드가 배출한 세계가 사랑하는 그룹 U2의 〈With or Without You〉를 연주하기 시작했고 모두가 목청 터져라 노래를 따라불렀다.

며칠간 데이브의 기타에 맞춰 연주하던 밴드 중 기네스 기록 경신 순간 합주하는 영광을 얻은 행운의 보컬이 카운트다운을 시작했다.

10! 9! 8! 7! 6! 5! 4! 3! 2! 1!

전 세계가 함께 밀레니엄을 맞았던 순간을 더듬어보아도 이때만큼 흥분되는 카운트다운은 아니었다. 카운팅 시계가 114시간을 가리키는 순간, 데이브도 우리도 자리에서 미친 듯이 뛰며 이 순간을 함께 축하했고 끝없는 플래쉬가 터졌다. 지켜보는 관객들마저 끝나지 않을 것 같아 막막했던, 그리고 중간에 14시간이 추가되면서 더더욱 힘겨웠던 도전이 드디어 끝났다. 시계가 114시간을 찍자마자 기타를 벗어던지고 쓰러질 거라는 내 예상과 달리, 기록 경신 이후에도 데이브는 밀려드는 흥분과 성취감을 기타에 실어서 믿을 수 없는 최고의 연주를 이어갔다. 그와 함께 템플바에서 며칠간의 공연을 함께한 템플바의 아티스트들은 앞쪽에서 마치 교주를 향하듯 팔을 뻗고 함께 노래하면서 끝없는 성원을 보냈다. 템플바에 모인 사람들은 언뜻 보기에도 출신이 다른 다국적 관객이었지만, 이 순간에는 그저 더블린 사람으로 함께 환호하고 몇몇은 눈물을 훔치며 축하했다.

드디어 연주가 끝나고, 기네스북 관계자가 마이크를 쥐고 데이브의 성공을 공식화하면서 긴긴 도전은 막을 내렸다.

몇 시간 뒤 템플바 페이스북 페이지에는, 기네스 한 잔을 손에 들고 환하게 웃는 데이브의 모습이 올라왔다. 그래, 아일랜드 사람이 어디 가겠는가. 끝나자마자 탈진해 실려갈지도 모른다던 내 우려가 무안하게, 데이브는 펍에 머물면서 시원한 기네스로 여유롭게 자축했다. 빠질 리가 있겠는가, 아이리쉬의 영광스러운 순간에 바로 그 기네스가, '기네스'북 갱신 후라서 몇만 배는 사랑스러웠을 그 기네스가!

더블린을 떠날 날을 눈앞에 두고 길에서 보이는 모든 풍경이 아쉬웠던 나에게, 데이브의 도전을 지켜보고 그 순간을 함께한 일은 무엇보다 보석 같은 기억으로 남았다.

도전 중간부터 깨달았다. 데이브의 도전이 위대한 이유는 그가 잠도 못 자고 114시간 동안 기타를 연주했기 때문이 아니라, 템플바에 들어찬 사람들과 114시간을 함께하면서 완벽한 순간을 나눴기 때문이라는 걸. 이후 어떤 기타리스트가 등장해 언제 어떻게 그 기록을 깨더라도 이 사실만은 누구도 경신해낼 수 없는 절대적 순간이라는 것을 말이다.

Hoegaarden

#23 코리안 걸,
    아이리쉬 가이를 만나다

"너 더블린 살지?"
"응, 보통은 관광 온 동양인으로 알던데, 어떻게 알았어?"
"템플바에 아침저녁으로 들렀잖아. 데이브 기네스북 도전할 때. 보통 관광객은 3일 내내 그렇게 안 오거든. 나도 그렇게 왔는데 올 때마다 봤어."

데이브의 기네스북 도전 성공을 목격한 다음 날, 친구와 템플바에서 맥주 한 잔 하는데 한 남자가 다가왔다.

전형적인 아일랜드인 외모에, 아이리쉬 억양이 센 아일랜드 남자. 더블린에서 막 학교를 졸업해 초등학교 선생님으로 일하고 있는, 심지어 나와는 템플바에서 만난. 그를 설명하는 단 몇 줄에 아일랜드를 대표하는 모든 게 들어 있었다.

항상 사람이 미어터지는 템플바는 그날도 어김없이 만원이었다. 안 그래도 북적대는 아일랜드 펍은 대부분의 사람들이 서서 술을 먹기 때문에 체감되는 혼잡함이 두 배다. 그날따라 어떻게든 앉고 싶어서 자리를 찾아 비집고 들어가 앉았는데, 내 앞에 두 명의 아일랜드 남자가 있었다. 둘은 더워서 벗은 재킷을 우리 자리 쪽에 둬도 되겠냐고 물었고, 우리는 그러라고 대답했다. 그러고 나서 잠시 후, 몇 번 허공에서 마주친 시선 중 마지막 것을 놓치지 않고 붙잡은 그가 대뜸 더블린에 사느냐고, 그렇게 물었던 거다.

나보다 세 살이 어렸던 그는, 하프를 마시는 내 취향을 지적했다. 기네스는 무겁고, 스미딕스는 어제도 먹었고, 이런 날은 가벼운 하프가 최고라고 했더니 그다음 맥주는 자기가 사서라도 다른 걸 마시게 하고 싶다면서 나를 맥주 코브라가 늘어선 바 쪽으로 데려갔다. 뭘 먹으면 잘한 선택이기에 그러냐고 했더니, 킬케니를 추천했다. 아일랜드에서 가장 먹을 만한 맥주는 킬케니라고, 그리고 남자도 킬케니 남자가 가장 멋지다고. 자기가 킬케니 출신이긴 하지만 굳이 그래서 하는 말은 절대 아니니 오해하지 말라고도 덧붙였다.

"스미스윅스(Smithwick's)가 제일 맛있던데."

"스미딕스야."

"영어 아니야 이거? 스미스윅스."

"스미딕스라구. 따라 해봐, 스미딕스."

"스미스윅스라고 써 있는데…."

"나 참, 아일랜드 맥주 이름인데 아일랜드 남자 말을 안 믿네. 저기요, 여기 아가씨가 저를 의심해서 그러는데 이 술 이름이 뭐예요?"

"스미딕스요. 스미딕스 맞아요."(실제로 한국에 돌아오니 '스미딕스'라는 한국명으로 판매까지 되고 있었다.)

아일랜드 영어는 가끔 이렇게 미국 영어에 익숙한 사람을 당황시킨다.

이날 나는 스미딕스 말고도 아이리쉬 위스키 제머슨(Jameson)을 미국식으로 '제임슨'으로 발음한 것도 일일이 교정당했다.

그는 장난끼 많고 농담하길 좋아하는 전형적인 아일랜드 남자였다. 30분 안에 아일랜드의 모든 걸 보여주겠다더니, 일단 템플바에 와서 아일랜드 맥주를 마셨으니 절반은 성공이라면서 위스키 리스트를 받아왔다. 아일랜드 위스키 인증 자격증을 갖고 있다고 하면서(이 자격증은 제머슨 양조장 가이드투어를 하면 기념으로 만들어주는 체험자격증으로 밝혀졌지만) 위스키 두어 종류를 '시음'할 수 있게 해줬다. 바에서 위스키를 누가 시음하냐고 했지만, '바텐더한테 사서 맛보라고 주는 것도 시음은 시음'이라면서 의기양양한 표정으로 두 잔을 사들고 왔다. 우리는 우리가 아는 수많은 시덥잖은 것들과 현재에 대해 이야기했다. 그리고 지금 눈에 보이는 것들과 함께 있는 사람들에 대해서도 이야기했다. 왜 저 알바생은 내내 오만상을 찌푸리고 맥주를 따르는지, 템플바 펍이 지극히 관광지스러운 명소가 되었는데도 왜 여전히 템플바가 가장 더블린스러운지…. 한참 떠들던 중간에 사라진 그는 갑자기 마술을 보여주겠다더니 어디선가 내 이름이 적힌 쪽지가 나타나게 만들고, 옆에 있는 친구가 창피해할 정도로 가리지 않고 이것저것 시도하면서 내내 나를 웃게 해줬다.

어느 나라 남자는 어떻더라 하고 이야기하는 것이 얼마나 얕고 차별적인 말인지 모르는 건 아니지만, 적어도 내가 느낀 아일랜드 남자들은 참 유쾌하고 장난끼가 많다. 스페인 남자가 여자가 당황할 정도로 칭찬을 쏟아부으며 느끼하게 접근하고, 프랑스 남자가 어디서 이런 걸 배워왔나 싶게 로맨틱하면서도 차도남 같은 분위기를 풍긴다면, 아일랜드 남자의 매력은 단연 유머러스함이 아닐까 싶을 만큼, 내가 만나 본 이들은 그랬다. 갑자기 지긋이 바라보면서 사람을 두근거리게 만드는 건 없지만, 끊임없이 사람을 웃게 하다가 어느 순간에 '넌 웃으면 더 예쁘네.'라고 말해서, 무방비 상태에 노출된 아가씨들의 마음을 한방에 넘겨버리는 예리한 센스는 탑재하고 있었다.

한참 이야기를 나누던 그가 내게 전화번호를 찍어달라고 말하면서 내일 커피를 사겠다고 했다. 나는 알겠다고 말하면서 내 전화번호를 그의 휴대전화에 찍었는데, 곧바로 통화 버튼을 눌러보고는 의심스러운 표정을 지었다. 배터리가 나간 상태였는데 충전을 깜빡해서 음성사서함으로 넘어간 모양이었다.

"펍에서 만난 사람한테는 전화번호 안 주는 애구나."

"아니야, 그거 내 번호 맞는데?"

방금 전 우리는 '아일랜드에서는, 그리고 한국에서는 어디서 사람을 만나 연애를 하는가?'에 대한 토론을 했었다. 한국은 같은 생활 반경에 있어서 자연히 만나는 사람을 제외하면 소개팅이나 선을 본다고 했다.

그랬더니 아일랜드에서는 그렇게 보편적인 일이 아니라면서, 파티나 펍에서 만나서 사귀는 사람도 많다고 했다. 네 테이블 내 테이블 할 것 없이 펍 전체가 하나의 테이블 같아서, 서서도 마시고 남이 앉았던 자리에도 앉고 하면서 주변 사람과 이야기를 나누는 아일랜드의 펍. 한국에는 보통 자기 테이블이 확실하게 분리되어 있고, 갑자기 옆 테이블에서 말을 걸어오면 당황하는 경우가 더 많을 거라고 했는데, 내가 가르쳐준 전화번호가 꺼진 휴대전화라고 나오자, 그 이야기가 떠오른 모양이었다. 정말 내 번호라고 알려줘도 의심스러워하는 표정을 짓던 그는, 나를 바로 데려가서 냅킨 하나를 놓더니 바텐더에게 볼펜 하나를 빌려 전화번호와 함께 이런 메모를 남겼다.

'완전 아이리쉬스러운 남자. 전화해!'

"네가 찍어준 번호로 내일 다시 전화했는데 정말 네 번호가 아니라면 그냥 내가 너를 여기서 놓치는 거잖아. 여기 내 전화번호야. 만에 하나 네가 나에게 알려준 게 가짜 번호라도, 나중에 생각이 달라지면 전화해. 내일 커피 한 잔 하는 게 거창한 걸 의미하는 것도 아니고, 내가 오늘이 지나면 모르고 사는 게 나을 만큼 이상한 사람도 아니야. 너랑 이야기하는 게 너무 즐거워서 어떻게든 내일 다시 보고 싶은 것뿐이야. 번호가 진짜인지 그만 물을 테니까 이 번호로 내일 꼭 전화해. 카페에 가서 커피 마시고, 네가 원하면 케이크도 한 조각 먹고, 그러면서 나는

087630
Super Nice
Irish Guy
Call him

너한테 '왜 어젯밤엔 가짜 번호를 준 거니? 내가 어때 보였길래?' 하고 따져 물으면 넌 변명을 하면서 즐겁게 수다를 떠는 거야, 어때?"

어떤 상황에서도 농담은 생략하지 않는 완전 아이리쉬스러운, 슈퍼 아이리쉬 가이. 그는 나를 집 앞까지 데려다주면서 핸드백에 있는 전화번호 적힌 냅킨으로는 입도 닦지 말고, 화장실에서는 더더욱 쓰지 말라고 신신당부를 했다. 나는 집에 들어가 휴대전화를 충전했고, 다음 날 아침 그에게 전화를 걸어야지 생각하려는 찰나 먼저 전화가 걸려왔다.

"여보세요?"

"네."

"여보세요, 혹시 그….."

"네, 완전 한국인스러운 아가씨(Super Korean Girl) 전화예요. 아직도 믿음이 안 가면 카페에서 얼굴 보고 확인해도 돼요. 커피 한 잔 하면서, 원하면 케이크도 한 조각 시키고, '넌 내가 어때 보였길래 가짜 번호를 줬다고 추궁한 거냐'고 따져 물으면 그쪽이 변명도 하고요."

그렇게 그와 나는 두 번째로 만날 약속을 했다.

"너랑 나랑 어제 어떻게 대화한 걸까? 말이 하나도 안 통해."

생각지도 못한 돌발상황이 벌어졌다. 어제 한마디도 놓치지 않고 신나게 수다를 떨었건만, 대낮이 돼서 알콜이 주는 용기도 다 사라지고 나니 그의 지독한 아이리쉬 억양을 알아들을 수가 없었던 거다. 한두 번 더 이야기하면 '아~' 하면서 대답할 수 있는 말들도 많았지만, 정말로 서너 번을 반복해도 서로가 민망할 정도로 못 알아듣는 말도 있었다. 어제까지는 동네 친구처럼 편하게 떠들었건만, 몇 번 그런 상황이 생기고 나니 소개팅 다음 날 만나는 남녀처럼 어색하기 그지없는 분위기가 됐다.

그때, 동네 꼬마 하나가 그에게 인사를 하면서 다가왔다. 그는 꼬마에게 나를 소개하고, 나에게 '우리 반 학생이야.' 하고 꼬마를 소개해줬다. 외국 아이들은 눈동자가 커다란 게 꼭 인형 같아서 귀엽다. 귀여운 아이를 봐서 눈이 즐거운 덕인지, 조금은 마음이 편해져서 이야기하기가 수월해졌다. 반 학생의 뒷모습을 바라보는 그의 표정을 보고 있다가, 문득 궁금해져서 물었다.

"왜 선생님이 되기로 마음먹었어?"

"세상을 바꾸고 싶어서."

"그래서, 성공했어?"

"진행중이지."

앞을 보고 함께 걸으며 이야기하던 나는, 그의 그 말이 끝나자마자 새삼스럽게 고개를 돌려 그를 바라봤다. 내가 그에게 반했던 순간이 있다면 단연 그때였다고 고백하겠다. 전날 마술쇼부터 시작해 온갖 노력과 재미있는 말들을 늘어놓던 때보다 그가 빛나 보였던 순간. '안정적이어서', '교육학과 나왔으니까' 같은 상투적인 말 말고, 달려가는 아이의 뒷모습을 바라보면서 아무 고민 없이 자연스럽게 툭 던진 '세상을 바꾸는 일'이라는 대답. 팍팍할 교사 초년생이지만, 그런 매일 역시 '세상 바꾸기'가 진행중인 나날이라 생각하는 그가 나는 궁금해졌다.

그날 저녁, 친구들과 템플바에 있는데 문자 한 통이 도착했다.
'완전 한국인스러운 아가씨, 템플바죠?'
'나 봤어? 어딘데?'
'못 봤는데 있을 것 같아서. 나도 여기 나와 있거든.'
친구들과 한창 작별인사를 하던 때라, 우린 중간쯤에 있는 펍에서 만났다. 나를 데리고 사람들을 비집고 들어간 그는, '한국 사람은 서서 술 잘 안 마신댔지?' 하면서 바에 있는 의자에 나를 앉히고 그 곁에 섰다. 항상 내가 끌어안고 다니던 흰색 DSLR을 보더니, 이런 색깔은 처음 본다면서 한참 카메라를 구경하다가 물었다.
"주로 뭘 찍어?"
"길 찍는 걸 좋아해."
"왜?"

“길은 공평하거든. 소유주가 없으니까. 너나 나나 길에서 누리는 건 똑같잖아. 우연히 찍힌 사람들 표정도 가짜가 아닌 것 같아서 좋고.”

“멋지네. 어디 그 길 사진들 좀 보자.”

생각해보니 전날 사진을 옮겨놓고는 SD카드를 다시 끼우질 않았다. 정신을 어디다 두고 다니는지 모르겠다고, 고개를 저으며 말했다.

“마지막으로 친구들이랑 기념사진이라도 찍었어야지.”

“응, 그리고 보니 나는 혼자 여행하니까 내 사진은 거의 없어.”

“그러면 안 되지. 잠깐만.”

그가 주머니에서 디지털카메라를 꺼냈다.

“네 멋진 카메라도 만져볼 겸, 더블린 펍에서 기념사진도 없는 너도 찍을 겸 빌려줄게. 나중에 집에 가서 메일로 보내주면 되니까.”

그는 SD카드를 내 카메라에 끼우고 나를 포함한 펍 여기저기를 찍어대기 시작했다. 아까부터 이쪽을 흘끗흘끗 바라보던 여자 바텐더와 눈이 마주쳤는데 무안했는지, 그가 말했다.

“흥미로워서요. 언제 찍어보겠어요?”

“카메라요, 아님 그 아가씨요?”

더블린을 떠날 날이 다음 날로 다가온, 출국 전날. 방을 정리하면서 커피를 마시다가 문득 휴대전화를 보니 벌써 오후 2시다. 나는 그에게 문자를 보냈다.

'어제 SD카드 돌려주는 걸 깜빡했네. 어디서 만날까?'

더블린 시내 몰에서 만난 우리는 친구네 샌드위치 가게에서 커피를 마시고 일어섰다. 마지막 날인데 뭘 하고 싶냐기에, 나는 그저 더블린의 평범한 거리들을 마지막으로 걸어보고 싶다고 했다.

"더블린은 뭐가 좋았어?"

"작은 게 좋았어. 리피 강도 이렇게 5분만에 건널 수 있잖아."

"그런 거 말고."

"나를 아는 사람이 아무도 없어서 좋았어."

"지금은 생겨버렸네."

"그것도 좋아."

서로 어디를 향하는지도 묻지 않은 채, 나와 그는 끝없이 걸었다. 트리니티 대학 앞을 지나치려 할 때, 그는 들어가본 적이 있느냐고 물었다. 교정을 걸어보지는 않았다고 하자, 그러면 마지막으로 보고 가라면서 나를 인도했다.

트리니티 대학을 걷는 그는, 마치 아일랜드 그 자체인 것 같았다. 돌이켜보면 나 역시 그런 그에게 있어 매력적인 이방인의 전형쯤이 아니었을까 싶다. 까만 머리에 까만 눈, 아이리쉬 억양을 어려워하고 더블린의 사소한 풍경에 감탄하는, 관광객으로 북적대는 템플바 한복판에서 유난히 눈이 자주 마주치던 여자. 나는 이제 곧 돌아가야 할 내 일상 속으로 그를 가져갈 수 없다는 걸 알았고, 그도 더블린의 일상에 나를 추가할 수 없다는 걸 알았다. 연인도 친구도 아닌, 그저 서로의 모든 걸 호기심 어린 눈으로 바라보던 우리는 '다시 만나자' 대신 '다시 만날 수 있을까?'를 마지막 인사로 남기고 헤어졌다.

그날 밤, 나는 템플바에 들렀다. 마지막 날 뭘 할 거냐는 그의 말에 나는 적어도 마지막 밤만은 차분히 집에서 짐을 싸고 정리를 할 생각이라고 말해뒀다. 실제로는 어디든 갈 생각이었지만 왠지 그를 마지막 날 밤까지 만나게 되면 어떤 형식으로든 지키지도 못할, 그리고 할 생각도 없었던 약속이나 질문 같은 걸 하게 될 것 같았다.
슈퍼에서 더블린에서 즐겨 먹었던 것들과 선물용 아일랜드 차들을 샀다. 캐리어 위에 사온 물건들을 아무렇게나 던져놓고 나는 경건한 마음으로, 식순에 따라 진행될 송별회장을 향하듯 템플바로 향했다.

#24 템플바에서 보낸
더블린의 마지막 밤

이제는 주문하는 것도 익숙해진 템플바. 매의 눈으로 바에 매달린 손님들을 보다가 바텐더의 맥주가 향하는 곳을 따라가서 다가선다. 맥주를 받은 손님이 바에서 멀어지면 그 사이를 살살 비집고 들어간다. 겨우 자리를 잡았으면 최선을 다해 목을 빼고 바텐더와 아이컨택. 어쩌다 눈이 마주치면 보통은 '뭐 줄까?' 하는 표정으로 턱을 든다.

바텐더에게 오늘이 더블린에서의 마지막 밤이라고 말했더니 악수를 청하는 손이 쑥 넘어왔다. 나는 마지막이니까, 기네스 거품 위에 토끼풀을 그려달라고 했다. "물론이지." 하고 엄지손가락을 치켜든 바텐더가 얼른 토끼풀 모양의 자국이 거품 위로 새겨진 파인트를 내밀었다. 지금 입을 대고 마시면 토끼풀이 사라지고, 이건 정말로 더블린 템플바에서의 마지막 맥주가 된다.

마지막 템플바, 마지막 밴드. 이제는 멀리서 잔을 들고 눈인사도 하는 정겨운 인연이 됐지만 그들은 템플바의 일부로 여기에, 나는 템플바를 스쳐 간 관광객 중 하나가 될 것이었다. 매일 듣다가 이제 몇 소절을 따라 부를 수 있게 된 노래를 꾹꾹 목구멍에 눌러 부르며 어떻게든 이 순간을 새기려고 애썼다. 함께 간 친구가 자리를 중간중간 뜨는 것을 의식하지 않고도, 선 채로 몇 시간을 보내면서도 마냥 즐거울 수 있는 아일랜드식 펍놀이에 익숙해졌음을 실감할 즈음, 노래가 끝났다. 얼마가 지났을까, 템플바의 모든 음악이 꺼지고 환하게 불이 들어왔다. '이제

는 우리가 헤어져야 할 시간'을 알리는 조명이었다. 템플바의 펍맨들은 테이블에 의자를 뒤집어 올리기 시작했다. 하지만 그 누구도 손님들에게 나갈 것을 요청하지는 않았다. 그때 우연히 데이브의 기네스북 도전에 세션으로 함께했던 드러머 아저씨와 이야기가 시작됐다.

"널 기억하고 말고. 며칠간 템플바에 왔었잖니. 이제 돌아간다고? 우리가 처음 이야기를 시작했는데, 한국으로 돌아가버린단 말이야?"

"그러게요. 3개월이 이렇게 빠르게 가버릴 줄은 몰랐어요."

"그래서, 언제 다시 올 건데?"

"글쎄요. 퇴직금도 다 써버렸고, 한국에 돌아가서 자리를 잡으려면 오랜 시간이 필요할지도 모르겠어요."

"너무 오래 걸리면 그냥 아일랜드로 와. 혹시 아니? 진짜 네 자리가 여기일지."

아일랜드, 이런 너를 어떻게 사랑하지 않을 수 있을까. 항상 그 자리에 팔 벌리고 서 있는 키다리 아저씨 같은 널. 조금만 마음을 열고 용기를 내면, 그 안으로 언제든 파고들라고 말하는 사람과 마음들이 널려 있는 널.

놀러 왔다가 아일랜드로 거주지를 옮긴 독일인 에바도, 영어도 못하면서 일단 짐을 싸들고 돌아온 이탈리아인 엠마누엘레도, 아일랜드를 제2의 고향이라 말하는 문경이도, 다들 그렇게 이 작은 도시로 두 번째 세 번째 여행을 시작했겠지.

이날 집에 나설 때, 일부러 나는 3개월이라는 시간 동안 여기저기에 펼쳐놓은 짐을 꾸리지도 않은 채 템플바에 왔었다. 마지막 날 밤을 잠들지 못한 채 보내게 될 것이라는 것을 애초에 알고 있었으니까. 펍들이 문을 닫고 집으로 돌아와야 할 새벽, 짐을 싸는 일이라도 해야만 혼자 남겨질 공허한 마지막 밤을 보낼 수 있을 것 같았다. 하나하나 짐을 개켜 넣는 일은 쉬운 것이었지만 아침이 될 때까지 진도가 나가질 않았다. 짐을 넣다가 방을 둘러보고, 짐을 넣다가 창밖을 바라보는 일이 반복됐다. 심지어 다시 모든 걸 꺼내 장롱에 넣고 새로운 3개월을 시작할까 하는 생각을 수천 번은 했다가 다시 고개를 저으며 애꿎은 옷만 다시 꾹꾹 누르며 내 미련도 꾹꾹, 다시 눌러 담았다. 그렇게 아침이 왔다.

집을 정리하고 시간 맞춰 내려온 거실을, 나는 쉽게 떠나지 못했다. 그 바람에 버스로 공항에 가는 것은 일찌감치 실패했다. 하우스메이트들에게 작은 편지를 남기고, 뒤이어 들어올 폴란드 아가씨가 쓸 수 있을 만한 집기들을 방 한편에 모아두고 택시를 불렀다.
잡을 수 없다는 걸 알면서도, 영화 속 여주인공의 촌스러운 설정처럼 차창에 손을 가져다 댔다. 스쳐 가는 이 풍경들은 이제 마지막이 될 것이다. 다음에 돌아오면 옆집 꼬마도, 슈퍼 앞을 죽치고 앉아 있는 에미넴 같은 젊은이도 없을 것이다. 전날 밤을 샌 탓에 모든 게 몽롱한 이 상태가 후회스러웠다. 현실감 없는 상태로 마지막 풍경을 흘려 보내는 일이 아쉬운 마음을 두 배는 사무치게 만들었다. 눈과 마음에 어떻게든 담고 싶은데, 야속하게 휙휙 지나가버리는 풍경이 안타까워서 어쩔 줄을 몰랐다.

백미러를 통해 나를 흘끗흘끗 바라보던 기사 아저씨가 여행가는 길이냐고 물으셨다.

"아니요, 제가 여행을 왔었는데, 이제 돌아가요."

"그래 보이더구나. 더블린은 좋았니?"

그 순간, 왈칵 눈물이 쏟아졌다.

"네, 제가 왜 이러는지 모르겠어요. 정말 돌아가고 싶지 않아요."

"얼마나 있었는데? 3개월? 그렇구나. 하지만 너처럼 울면서 떠나는 사람들은 어떻게든 다시 돌아오더구나. 지금 그 마음이 어떻게든 너를 다시 여기로 데려올 거야."

떠나기 전날부터 나를 괴롭힌 건, 내가 사랑에 빠진 대상이 한 사람이 아니라 이 도시였다는 사실인지도 모른다. 더블린에서 만난 친구들이 "다시 오면 되지!" 하고 말해줬지만, 정작 내 마음에 크나큰 미련의 대

상이었던 도시에게서는 잘 가라는 포옹도 꼭 다시 오라는 위로의 인사
도 들을 수 없음이 나를 미치도록 외롭고 괴롭게 만들었다. 좋아하는
대상에게 듣는 '다음에 보자'는 인사가 얼마나 큰 위로가 되는 것인지
나는 이날 뼈저리게 실감했다. 그런 나에게 택시기사 아저씨는 '너는
어떻게든 다시 오게 될 거야'라는 간접적인 말로 나를 위로했다. 그 말
에 용기를 얻어서, 나는 심호흡을 하면서 고맙다고, 지금 내게 너무나
필요했던 말이라고 인사를 건넸다.

ENROLLING NOW
TO LET
LUXURY
OFFICES
CONTACT
086 2543115
WALL OF FAM
STOP
THAI
ASSAGE
$5 +10
BAIL

HOSTEL
TO LET
RETAIL /
CAFE UNIT
URB

ThunderRoad CAFE
ThunderRoad CAFE
Thunderroad CAFE
Oliver St John Gogarty
Welcomes the England
rugby supporters to Temple Bar
pizza

TradFest
COCKTAILS
morgan bar
HOUSE OF NAMES
HISTORIC FAMILIES
BAR
MORGAN
ALPHA CC
The IT Group of Companies
ALPHA
CLANNAD
IRL

#25 아프게 이별.
　　　돌아오려면 한 번은 해야 하니까

비행기에 앉아서 창밖을 바라봤다. 활주로에서 비행기가 움직이기 시작하는데, 더블린에 온 후 처음으로 여러 가지 생각이 스쳤다.

더블린행을 결정하기 전, 분명 나름대로 열심히 살았다고 생각했는데, 아직 덜 달렸음을 타박하고 보채는 공기와 눈빛들 속에서 좌절감을 맛보는 일은 길지 않은 20여 년의 삶이지만 쓰라리고 지겨웠다.

사회가 정해준 행복의 조건을 기를 쓰고 획득해왔다고 생각했다. 하지만 그렇게 적립해서 들어온 안락한 직장생활이 나를 천국으로 데려다주지는 않았다. 누구도 내가 되어 내 의자에 앉아주지 않을 것이면서도 있는 힘을 다해 내가 느끼는 공허감은 허상이라고 주장했다. 그 목소리들에 대한 용기인지 오기인지 모를 것을 짜내어 다니던 회사를 그만뒀다. 먼 곳에 있었지만 그 결심을 응원한다던 남자친구와는 더블린에 오기 직전에 헤어졌다. 더 뜨겁게 사랑하는 대신 누가 더 좋은 여자친구이고 남자친구인지를 상대방에게 과시하고 경쟁하는 사이, 우리가 서로에게 해줄 수 있는 건 외로움을 상기시키는 일뿐이라는 걸 어렴풋이 알아버린 어느 시점이었다. 그 당시 우리는 세상 모든 연인들이 그렇듯 서로 각자의 세계에서만 정의롭고 억울한 채 헤어졌다.

처음 더블린 공항에 도착해서 입국관리소를 지날 때, 나는 처음으로 내 처지를 실감했다. 아일랜드에 발을 들인 나는 직업과 수입은 물론 거처

와 연인마저 없는, 말하자면 물리적으로나 심리적으로 빈털터리였다. 직업란에는 '여행자' 라고 적었다. 그 당시 여행자라는 말은 이제 나 자신을 수식할 만한 말이 없으니 끌어다 쓴 임시명함 같은 것이었다.

그렇게 숨어든 더블린에서, 나는 얼마든지 우울하게 지낼 수 있었다. 기상과 동시에 기대할 누군가의 문자도 없고 기분 좋은 날 발길을 붙잡고 맥주 한 잔 하자고 할 규칙적인 일상의 동료도 없었다. 양손에 살림살이를 산 종이 쇼핑백을 들고 몰을 나섰는데 비가 쏟아지기도 했고, 허술해 보이던 집 냉장고는 문을 열자마자 바닥으로 떨어져서 안에 있던 양념병이 모조리 박살나기도 했다. 한국에서는 나름 빠릿빠릿한 커리어우먼이었는데, 여기에서는 버스 하나도 한 번에 똑바로 못 타는 어리바리한 동양 여자애에 지나지 않았다.

하지만 나는 더블린에서 단 한순간도 외롭지 않았다. 더블린에 막 도착해서 처음 만난 에바와 친구들은 자정이 넘어서 찾아든 내게 상다리가 휘어지게 음식을 차리고 수다를 떨면서 잠드는 순간까지 날 웃게 만들었다. 멀리 마트에 다녀오면서 짐은 무겁고 마음은 양손보다 더 무거워질 때면 어디선가 음악이 들려주는 버스커들이 길거리에 널려 있었다. 연인들 사이를 걸으면서 혼자라는 걸 지독하게 실감하다가도 어느 펍이든 들어가서 연주가들과 눈을 마주하고 허공에 잔을 들면 나도 이 동네에 속해서 산다는 느낌에 젖을 수 있었다. 누군가 완벽하게 짜놓은 각본처럼, 외로움이 고개를 들려고 할 때마다 더블린은 무언가를, 누군가를 내게 들이밀었다. 길을 잃고 지도 속에서 어지럽게 헤맬 때 다가왔던 할머니가 그랬고, 냉장고 문짝이 바닥에 떨어져서 발을 동동 구르던 날 위해 골웨이에서 달려와준 집주인도 그랬다. 집에는 애교 많은 카트린과 우연히 갖게 된 한국인 동생 은영이가 있었다.

항상 그렇게 외로울 틈 없이 말을 걸어준 더블린 덕에, 나는 머릿속에서 나를 괴롭혔어야 할 수많은 질문들로부터 자유로웠다. 너 돌아가면 어쩔 거니? 몇 달 새에 무슨 돈을 이렇게 많이 썼니? 네가 여기서 네 경력을 제로셋팅하는 동안 한국에 있는 네 친구들은 벌써 번듯한 회사 대리가 돼 있을걸? 남자친구는 왜 하필 지금 널 떠났을까? 그 뻔하고 심술궂은 질문들 대신에 더블린은 내가 예상하지도 못한 질문과 답을 쉴 새 없이 들이밀었고, 그 덕분에 나는 내 머릿속에서 웅웅대는 잡음 대신 진짜 나와 대화하며 즐겁게 3개월을 지냈다.

당당한 척 공항을 나섰던 겁쟁이로서 이제야 고백하건대, 나는 당시 내가 과감한 척 사표를 던진 이후 내게 쏟아질 지적과 질문들로부터 도망칠 요량으로 인천공항으로 향했는지도 모른다. 재촉할 줄 모르고, 까탈스러울 줄도 모르는 이 촌스러운 도시 덕에 나는 여기서 나 자신을 끊임없이 의심할 시간에 처음 본 사람과도 눈을 맞추며 웃고, 혼자 식당에서 밥을 먹으면서도 그 시간을 즐길 줄 알게 되고, 그 어느 때보다 밝은 모습으로 지냈다.

비행기가 이륙하면서 내 눈에 들어온 마지막 더블린이, 이번 여행 내
내 물었던 질문을 마지막으로 다시 한 번 던졌다.

그리고 나는 진심으로 대답했다.

"괜찮아. 이제 정말 다 괜찮아."

Baile Átha Cliath   Dublin
31
STAND 32
FIRE POINT

가장 초라했지만 동시에 가장 행복했던
그 시절의 나를 돌아보며

한국에 온 후, 사람들은 내게 더블린이 뭐가 그렇게 좋아서 그러느냐고 물었다. 여행을 많이 하는 사람들에게는 '나만의 도시'가 하나쯤은 있게 마련이다. 더블린처럼 작은 도시에 대단한 게 있을 리 없다. 다만 내가 가장 초라하고 작았던 순간에 나 자신을 끊임없이 어르고 달래가며 좀 더 잘 웃고 마음을 열 줄 아는 사람이 되도록 동행해준 그 도시가 우연찮게, 부풀리자면 운명적으로 더블린이었을 뿐이다. 하지만 어차피 이런 얼어걸린 행복들이 우리를 또다시 치열하고 각박한 진짜 현실의 트랙에서 달리게 하는 것 아닐까?

어차피 여행이란 그런 것이다. 달리고 성취하고 전쟁 같은 일상에 꼿꼿하게 서서 모든 걸 즐기기도 지치는 그런 순간에 홀쩍 떠나보면, 그 어느 때보다 초라한 내가 기다리고 있다. 가게 점원의 말 한마디에도 온 살갗이 쓸리고 하루가 회색으로 변하는 어린아이 같은 내가. 그리고 그렇게 작아진 나와 하루하루 지내는 재미에 시간 가는 줄 몰랐던 그 시절을 나는 아직도 그리워한다.

모두가 낯선 도시로의 떠남에 많은 걸 기대하지만, 내 마음에 쏙 드는 도시를 여행한다 해도 그 나날들이 어느 날 갑자기 우리를 온갖 풍파에도 흔들리지 않는 성자나 보살로 만들어주지는 않는다. 서울로 돌아온 나는 여전히 불투명한 미래를 걱정하고, 마르고 예쁜 서울 아가씨들 사이에서 체중 스트레스에 시달리며, 마음 한구석이 여전히 이유 없이 바쁘다.

하지만 그 길이 삶에 아무것도 남기지 못한 것은 아니다. 지금 하지 않으면 날아가버릴 고백, 지금 사과하지 않으면 평행선이 되어버릴 관계, 지금 고맙다고 말하지 않으면 전해지지 않을 진심이 있다는 걸 매 순간 체득했다. 그것은 내 평생의 여정을 동행할 유일한 사람, 나에게도 마찬가지였다. 지금 수고했다고 말할 줄 알고, 지금 다독이지 않으면 지쳐버렸을 나를 하루하루 마주한다. 나는 그렇게 강하지도 어른스럽지도 못하니, 오늘의 내가 행복하지 않으면 내일의 나도 행복할 수 없다는 당연한 사실을 있는 그대로 받아들이는 일. 모두의 눈치를 볼 만큼의 여유가 없는 순간에 직면하면, 일단 남보다는 내 눈치를 먼저 보고 다독이는 일. 이렇다 할 일정이 없었던 더블린에서의 날들은 하루하루 나를 어르고 달래가며 원하는 장소에 데려가고 원하는 풍경을 보여주는 일을 연습하기에 최적의 시간이었다.

'천천히 걷고, 많이 웃고, 뜻대로 일이 풀리지 않거든 일단 파인트를 들어라.'

서울은 너무 빠르고 바빠 깨닫기 어려웠던 그 간단한 진리를 더블린은 지내는 내내 내게 상기시켜줬다. 더블린에서 하우스메이트를 구할 때 모두의 마음을 여는 마법의 소개 멘트, 사람들 모두가 선호하는 성격, 'laid-back'. 한국에서는 나태함의 상징일 줄만 알았던 그 말이 이제는 힘든 매 순간 가슴에 새기는 좌우명 같은 것이 됐다. 좀 더 여유롭게, 나를 다그치는 대신 뒤로 느긋하게 누워서 한 번 더 나 자신과 이야기를 나눠보는 일. 그런 더블린에서의 일상이 주는 달콤함에 젖어서 떠나오는 일이 그 어떤 선택보다 쓰라렸지만, 서 있는 곳은 중요하지 않다는 것 역시 더블린에 있는 동안 내가 배운 교훈이다. 조금 더 나 자신과 대화할 줄 알게 되면, 그리고 주변에 있는 사람과 비교하지 않고도 나 자신에게 박수 칠 줄 알게 되면 그런 일상은 충분히 여행이 된다. 좋아하는 것을 위해 움직이고, 일하고, 먹고, 나누는 나를 칭찬할 줄 알게 되면 분명 일상은 좀 더 특별해진다.

그렇게 지내는 사이 나는 심장을 뛰게 하는 내 일을 찾았고, 더블린 친구들은 난생처음 서울을 다녀갔다. 엠마누엘레는 홍대 술집에서 내게 소맥 마는 법을 배웠고, 마띠야스는 입양기관에서 자신의 흔적을 찾아내고는 기쁜 마음으로 함께 불고기를 먹었다. 더블린에 있었던 내 시덥지 않은 나날들은 오래전 더블린에 살다 와서 더블린병을 앓고 계셨던 한 출판사 대표님의 '더블린 덕후' 기질과 모험심에 힘입어 책으로 나오기에 이르렀다.

남의 집 딸들 시집가는 나이에 택한 더블린에서의 일상을 나보다 더 흥미진진하게 지켜봐준 엄마 아빠, 좋은 기회 주고 예뻐해줬더니만 이름도 생소한 도시로 떠나버리겠다는 후배에게 행운을 빌어준 전 직장 선배 동료들, 낯선 동네에서의 일상을 여행으로 만들어쥬 더블리너들…. 더블린을 둘러싸고 감사한 인연만 해도 하나하나 열거하기조차 어렵다.

하루도 더블린을 그리워하지 않고 지나치는 날이 없지만, 언제 다시 돌아가더라도 같은 얼굴로 덤덤하게 기다리고 있을 것임을 알기에 덜 조급하게 다음 만남을 준비한다. 뛰는 대신 걷고, 헐떡이는 대신 심호흡을 하면서, 좀 더 천천히, 좀 더 여유롭게. 한 번 빠지면 답도 없다는 나만의 못매남, 못생겼지만 매력적인 남자 더블린. 오늘 하루 날 웃게 한 사소한 기쁨의 절반이 널 만나지 않았더라도 존재했을까?
무작정 찾아간 날 안아줘서, 무엇보다 나 자신에게도 날 안아주는 법을 알려줘서 고마웠어. 다시 쉼 없이 달리면서 강철처럼 웃어야 하는 날들이 버겁고 나 혼자 나를 일으키기도 지치는 어느 날, 다시 상처받기 쉬운 백지의 여행자로 돌아가고 싶은 그런 때가 오면 언제든 달려갈게. 수수한 얼굴, 따뜻한 가슴, 터지는 센스 그 어느 하나 변하지 말고 지금 모습 그대로 기다려줘. 안녕, 나의 더블린!

BALSCADDEN
HOUSE
W.B. YEATS
POET
LIVED HERE · 1880 -1883
BALSCADDEN
HOUSE

원스
인
더블린

초판 1쇄 펴낸 날 ｜ 2014년 5월 30일

지은이 ｜ 곽민지
펴낸이 ｜ 홍정우
펴낸곳 ｜ 브레인스토어

책임편집 ｜ 신미순, 김은영
디자인 ｜ 윤수경, 김준민
마케팅 ｜ 한대혁, 정다운

주소 ｜ (121-894) 서울시 마포구 서교동 381-36 1층
전화 ｜ (02)3275-2915~7
팩스 ｜ (02)3275-2918
이메일 ｜ brainstore@chol.com
블로그 ｜ http://blog.naver.com/brain_store
트위터 ｜ https://twitter.com/brainstorepub
페이스북 ｜ http://www.facebook.com/brainstorebooks

등록 ｜ 2007년 11월 30일(제313-2007-000238호)

© 곽민지, 2014
ISBN 978-89-941994-53-0 (14980)
　　　978-89-941994-40-0 (세트)

이 도서의 국립중앙도서관 출판시도서목록(CIP)은 서지정보유통지원시스템 홈페이지(http://seoji.nl.go.kr)와 국가자료공동목록시스템(http://www.nl.go.kr/kolisnet)에서 이용하실 수 있습니다.(CIP제어번호: CIP2014014518)